和力／著

别说不可能，信念改变人生

Nothing Is Impossible
as long as You Believe

中华工商联合出版社

图书在版编目（CIP）数据

别说不可能，信念改变人生／和力著. -- 北京：
中华工商联合出版社，2015.4
　　ISBN 978－7－5158－1237－3

　　Ⅰ. ①别…　Ⅱ. ①和…　Ⅲ. ①人生哲学－通俗读物
Ⅳ. ①B821－49

　　中国版本图书馆 CIP 数据核字（2015）第 047005 号

别说不可能，信念改变人生

作　　者：和　力
责任编辑：吕　莺　徐　芳
封面设计：周　源
责任审读：李　征
责任印制：迈致红
出版发行：中华工商联合出版社有限责任公司
印　　刷：唐山富达印务有限公司
版　　次：2015 年 7 月第 1 版
印　　次：2022 年 2 月第 4 次印刷
开　　本：710mm×1020mm　1/16
字　　数：205 千字
印　　张：16
书　　号：ISBN 978－7－5158－1237－3
定　　价：48.00 元

服务热线：010－58301130
销售热线：010－58302813
地址邮编：北京市西城区西环广场 A 座
　　　　　19－20 层，100044
http：//www.chgslcbs.cn
E-mail：cicap1202@sina.com（营销中心）
E-mail：gslzbs@sina.com（总编室）

工商联版图书

版权所有　侵权必究

凡本社图书出现印装质量问
题，请与印务部联系。

联系电话：010－58302915

前　言

我们从孩提时就有很多志向，有的人长大后想当科学家，有的人长大后想当老师，有的人长大后想当画家、歌唱家……1000 个人会写出 1000 个不同的志向。然而，又有几人长大后能实现儿时的志向呢？

其实，作为一个年轻人，在人生早期，最首要的任务就是要树立一个正确的远大的志向，这样，接下来的生活才有了动力，也才有了奋斗的目标。

美国前总统克林顿学习成绩优异，17 岁因成绩优异而荣获去白宫见肯尼迪总统的机会，回来后，他写下一段话："我今年 17 岁。我发誓这一生一定要成为美国总统，服务美国民众。"

心理学家认为，每个人心里都有一个"自我心像"，它成形于人的自我期许：你希望自己是什么人，成为的就是什么人。你希望成就杰出，就会在心灵的"荧光屏"上看到一个踌躇满志、不断进取的"自己"，同时还会经常收听到来自灵魂深处的积极信息："我是最棒的，我还会更出色"，"暂时的灰暗不算什么，我终有大放异彩的一天"……"自我心像"不仅影响心态，还能直接影响和规范人的行为。假如一

别说不可能，信念改变人生

个人志向远大，就算遇到一些事情时，也会想："我一定行的，困难（挫折、逆境等）都是暂时的，我一定能克服的。……与之相反，如果没有正确的信念，没有远大的理想，不自信，遇事自动降低要求，动辄以"无所谓"、"不干了"为自己找借口，然后爱怎么做就怎么做，很少考虑后果的人，做什么都不会做成功。正如迪士累利先生所言："不向上看的人往往就会向下看，精神不能在空中翱翔就注定要匍匐在地。"

本书通过一个个生动案例的讲解，希望给有理想的人们精神的伴侣、心灵的慰藉。人只要知道自己的弱点，懂得设法去克服，完全可以了解自己，发现自身的优点、优势，开掘自我潜能，从而为事业、家庭和人际关系向更好的方向发展积蓄力量。

此外，本书还收录了成功学大师戴尔·卡耐基的励志思想，以及大家所熟知的当今世界上个人成功学方面的权威和许多国际知名的演说家、作家及全球公认的销售天王、最会激励人心的咨询大师们的智慧精华，诸如安东尼·罗宾、克莱门特·斯通、博恩·崔西等许多优秀人物的成功理念和励志箴言。虽然我们的人生短促，但如果穷尽一生时间，保持正确的信念，就完全可能实现自己伟大的理想。

目　录

1　成就人一生的资本

学点儿为人处世心理学

5 **不退缩，人生永远在爬楼梯**

成就人一生的资本

良好的品格是人生最好的保险

人活着，良好的品格最重要。品格的力量就在于，它的衡量标准与人的声望、金钱、权力及任何世俗标准截然不同甚至毫不相干，人具有良好的品格，即使身无分文也不用担心被社会抛弃。

在繁华的纽约，曾经发生过这样一件震撼人心的事情。一个年轻人有一段时间站在地铁某站门口，专心致志地拉着小提琴。琴声优美动听，出入地铁的人尽管脚步匆匆，但还是有很多人情不自禁地放慢了脚步，时不时地会有一些人在年轻人放在地上的礼帽里放一些钱。

有一天，年轻人又像往常一样准时来到地铁门口，把他的礼帽摘下来很优雅地放在地上。和以往不同的是，他从包里拿出一张大纸，然后很认真地铺在地上，四周还用自备的小石块压上。做完这一切以后，他调试好小提琴，又开始了演奏，声音似乎比以前更动听、更悠扬。

不久，年轻的小提琴手四周站满了人，人们都被铺在地上的那张大纸吸引了，有的人还踮起脚尖看。原来上面写着："昨天傍晚，有一位叫乔治·桑的先生错将一份很重要的东西放在了我的礼帽里，请您速来认领。"

见此情景，人群之间引起一阵骚动，都想知道这是一份什么样的东西。过了半小时左右，一位中年男人急急忙忙跑过来，拨开人群就冲到小提琴手面前，抓住他的肩膀语无伦次地说："啊！年轻人，你真的还在这。"

年轻的小提琴手冷静地问："您是乔治·桑先生吗？"

那人连忙点头。

小提琴手又问："您遗落了什么东西吗？"

那位先生说："奖票，奖票。"

小提琴手于是掏出一张奖票，问："是这个吗？"

乔治·桑迅速地点点头，抢过彩票吻了一下，然后又抱着小提琴手在地上跳起了舞。

原来事情是这样的，乔治·桑是一家公司的职员，他前些日子买了一张一家银行发行的奖票，昨天上午开奖，他中了50万美元的奖金。昨天下班，他心情很好，路遇小提琴手拉琴，觉得音乐特别美妙，于是就从钱包里掏出5美元，放在了礼帽里，可是他不小心把奖票也带了进去。小提琴手是一名艺术学院的学生，本来打算去维也纳进修，利用去之前这点时间在地铁口拉琴多挣点钱。如今，他已经定好了机票，时间就在今天上午，可是他昨天整理帽子里的钱时发现了这张奖票，他便退掉了机票，又准时来到这里等待失主。

后来，有人问小提琴手："你那么需要一笔学费，为了赚够这笔学费，你不得不有一段时间到地铁站口拉提琴。那你为什么不把那50万元的奖票留下呢？"

小提琴手说："靠自己本事挣钱，会活得很快乐；但假如没了诚信，我就一天也不会快乐。"

在人的一生中，我们会得到很多，也会失去很多，但诚实守信却应是始终陪伴我们一生的良好品格。如果以虚伪、不诚实的方式为人处世，也许能获得暂时的"成功"，但从长远看，仍会是个缺失良好道德的人。不诚实不守信的人，就像山上的水，刚开始的时候，是高高在上，但逐渐它就会越来越下降，再没有一个上升的机会。

人面对诱惑，不怦然心动，不为其所惑，这样的人就会像天上的云一样平淡，像流水一样质朴，长久后，能令周围的人领略到一种山高海深的伟大。虽然社会中的贫富是相对的，但拥有好品格则是人生最好的保险凭证。即使你困顿无助，只要你正直、善良，你还有"青山在"，就不怕没柴烧。

自古以来，良好的品格一直被人们所推崇，这也是衡量一个人永恒的坐标。宋朝著名学者周敦颐在其名篇《爱莲说》中称荷花"出污泥而不染"，将其视为清白、高洁的象征。一个人的品格好坏虽然不是肉眼可见，但却是这个人的人生"标签"，好品格的价值不可估量。而诚信是做人最为根本的一条。

公元前4世纪，在意大利，有一个名叫皮斯阿司的年轻人触犯了法律被判绞刑，将在某个择定的日子被处死。皮斯阿司是个孝子，在临死之前，他希望能与远在百里之外的母亲见最后一面，以表达他对母亲的歉意，因为此后他再也不能孝敬母亲了。

他的这一要求被国王准许了，但交换条件是，皮斯阿司必须找一个人来替他坐牢。这是一个看似简单其实近乎不可能做到的条件。假如皮斯阿司一去不返怎么办？谁愿意冒着被杀头的危险来干这件蠢事呢？

这个消息传出后，有一个人表示愿意来替皮斯阿司坐牢——他就是皮斯阿司的朋友达蒙。

达蒙住进牢房以后，皮斯阿司就赶回家与母亲诀别，人们都静静地等着事态的发展。日子如水一样流逝，眼看刑期在即，皮斯阿司却音讯全无。

人们一时间议论纷纷，都说达蒙上了皮斯阿司的当。

行刑日是个雨天，因为皮斯阿司没有如期归来，只好由达蒙替死。当达蒙被押往刑场时，围观的人都笑他是个傻瓜，也有人对他产生了同情，更多的人却是幸灾乐祸。但刑车上的达蒙，不但面无惧色，反而有一种慷慨赴死的豪情。

追魂炮被点燃了，绞索已经挂在达蒙的脖子上。胆小的人吓得紧闭了双眼，他们在内心深处为达蒙惋惜，并痛恨那个出卖朋友的小人皮斯阿司。

千钧一发之际，在淋漓的风雨中，皮斯阿司飞奔而来！他高声喊着："我回来了！我回来了！"这真是人世间最最感人的一幕，大多数人都以为自己是在梦中，但事实不容怀疑，皮斯阿司冲到达蒙的身边，他们紧紧地拥抱在一起。大概只是一会儿的工夫，国王便知道了这件事。他亲自赶到刑场，要亲眼看一看自己如此优秀的子民。

喜悦万分的国王立即为皮斯阿司松了绑，亲口赦免了他，并且重重地奖赏了他的朋友达蒙。

真正的朋友需要信任，这就是达蒙为什么敢代他人坐牢的缘故；真正的朋友更需要忠诚，所以，皮斯阿司本可以逃脱一死，却仍然视死如归。因为忠诚，人才有信任；因为信任，人才要有忠诚作为前提。忠诚和信任缺少一个，这个故事的结局就会完全改写。

孔子讲："人无信不立。"孟子说："言而有信，人无信而不交。"信用是一种承诺，一种保证，一件"护身符"。一个人如果能时时刻刻事事讲信用，那么很容易结交到好朋友，人际关系的建立和拓展也会较为容易。

凯瑟林·格雷厄姆是一位具有犹太血统的女人，她出身名门，性格孤僻、软弱，处事缺乏经验，一直在家里当家庭主妇。可是，1963年她的丈夫自杀身亡，她不得不接替丈夫管理他们家族创办的报纸《华盛顿邮报》。开始的时候，她没有信心，不知怎么做才好。后来一位朋友告诉她，应该每天阅读自己报社办的报纸，这样可以增强自己的信心。她按朋友说的去做，每天清晨的第一件事就是阅读自己报社办的报纸。几天以后，她发现《华盛顿邮报》并不是一份最好的报纸，这份报纸支持政府，经常有一些吹捧政府官员的报道。于是，她就找来一些工作在第一线的记者、编辑，征求他们的意见。报纸改进以后，成了一份诚实、公正的报纸，许多其他报纸不敢公开的事情，《华盛顿邮报》都敢报道，不久报纸的销量大增。

1971年，《华盛顿邮报》的两名记者发现：现任的美国总统尼克松在参加总统竞选时，曾经使用不正当手段，使用窃听器窃听了对手的机密，这就是美国历史上有名的"水门事件"。由于这是现任政府的丑闻，如果揭露了这件事，说不定记者会被投到监狱，报纸也会被查封。可是凯瑟林觉得，新闻应该把诚实作为第一原则，既然有这样的事实，就应该如实报道。不久，"水门事件"第一次在《华盛顿邮报》上被揭露。当时尼克松正准备参加连任总统竞选，他曾经警告凯瑟林，如果他连任竞选成功，将对《华盛顿邮报》进行特别报复。基

别说不可能，信念改变人生

辛格也提醒凯瑟林，如果不马上停止对这件事的调查和报道，会有很大的风险。可是凯瑟林认为，正义一定会战胜邪恶，诚实、公正的报道一定会得到人们的认可。于是，她顶着各方面的压力，一面继续调查"水门事件"，一面在《华盛顿邮报》上连续报道。经过两年的努力，"水门事件"终于真相大白，尼克松总统成了新闻媒体指责的对象。1974 年 8 月 9 日，尼克松向全国发表广播电视讲话，宣布辞去总统职务。

对"水门事件"的诚实报道，使《华盛顿邮报》顿时成为全世界知名的报纸，曾被列为全世界九大报纸之一，被认为是诚实的新闻楷模。凯瑟林从此成为华盛顿最有影响力的女人以及世界十大女杰之一。

可见，正直和诚实让凯瑟林赢得了世人的尊敬，因为正直使人具备勇气和力量。

林肯在 1858 年参加的参议院竞选活动时，他的朋友警告他不要发表某一次演讲。但是林肯回答说："如果命里注定会因为这次演讲而落选的话，那么就让我伴随着真理落选吧。"结果，他确实落选了，但是两年之后他就就任了美国总统。

一个人，首先要保证自己在处理事情上的完全诚实；其次要学会培养自己积极的正确的心态，树立正确的人生观和价值观；最后要在自己的一言一行中不断的贯彻诚信原则。

诚信说起来容易，做起来极难。因为做到诚信必须克服人的自私心理以及各种弱点，同时还要处处与自己的"问题"做斗争。所以，人从小就要树立诚信意识，在成长过程中每天都要塑造自己的好品德，完善自己的好性格。

贫穷也是一种可贵的动力

有些人可能为曾经或现在的贫穷而扼腕叹息，有些人可能在为摆脱贫穷而做着不懈的努力，但是有没有人意识到，贫穷也是一种可贵的资本呢。

财富不完全等于金钱，金钱只是表现财富的一种数量。考量财富还有其他东西，如精神财富也是其中最重要的方面。所谓"人穷志不穷"，志就是精神财富的一种源泉，虽说"志"不是穷人所独有的，但人若贫穷就能激发人的斗志，使人更有毅力、更坚强、更有动力，人具有了种种力量就能够摆脱贫穷，改变命运（包括获取财富、地位）。

穷而不认命、不抱怨，人生就会跨向一个更高的层次，人的精神和灵魂，也会将在此过程中得到升华。

足球巨星罗纳尔多，生长在巴西一个穷人区，母亲失业，吃穿无着，幼小的罗纳尔多钻进母亲的怀抱说"以后我用踢球养活您"。在巴西，足球十分神圣，多少人做着球星梦，而成功者却寥寥无几。罗纳尔多14岁就成为一个足球俱乐部的明星，20岁登上足球巅峰。因为他时刻牢记：只有踢好球，才能养活母亲。

罗纳尔多当时的生存底线是踢球养活母亲，这虽然让人心酸，然而它却是一种无以替代的精神动力，这种动力是罗纳尔多身上隐藏的巨大财富，这种财富成为他获取成就取之不尽、用之不竭的奋斗源泉。

一个认真生活的人，身上的动力很重要，不管他是否富有或贫穷。而动力的源泉就来自其内心的渴望，或者说想法、意念。威廉·撒罗扬说："那些了不起的人之所以杰出，是因为他从贫穷中攫取了智慧。"世界上并不是每一种贫穷都是灾难，逆境常常也是奋斗的一种动力。贫穷不但会教导人们知道生活的艰辛，而且会使人们振作起来去迎接未来的风风雨雨。有些人认为贫穷会使人们失去什么或减损什么，其实，人唯一真正的"贫穷"，是不敢去尝试改变生活总想放弃的思想。

约翰·克利斯是一位多产的英国小说家，他曾写过564本书，但在他出名之前，他生活窘迫，遭退稿将近1000次；凡·高在他有生之年，因为卖不出他的画而几乎无法糊口；伊夫尔·史特拉波斯基的乐章首度上演时，被听众报以嘘声而他几度失业，生活无所着落，但他的曲子现在却成为全世界各大管弦乐团的精典曲目了……

卡耐基说："生命中最大的危机常常就是最大的转机。"一个人心里是怎么想的，行动就会表现出来。有些人甘愿一辈子当穷人的想法会使他永远穷困潦倒，以致一败涂地，不可收拾。有些人却总渴望当富人，于是，就会迸发出努力的动力。

假如人对自己的贫穷抑郁或者太过自卑，心里总往阴暗面想，那么人生便不值得活下去，更不用提什么快乐幸福和对社会有所贡献了。他们这种自愿沉沦的心态也会使他们的人生黯然无光，最终毁了自己的一生。因此，当一个人贫穷的时候，必须要有改变贫穷的计划，要努力调整自己的心理、驱散黯淡的心境。

惧怕贫穷也是一种病态，应该及早防治。贫穷更多的是存在于人们的想象而非现实之中。人即使真的一贫如洗，也不应该感到可耻，或自认"倒霉"，因为很多情况下，钱财不是产生贫穷的直接原因，而是由自身的不努力造成的。

贫穷并不足畏，重要的是人如何去看待它。有人说富贵好，但富贵并不能带来一切，有时候还会使人丧失一些东西。因此，贫穷的时候，不畏穷，以正确的态度去对待它，它也许会给你带来一笔宝贵的财富。

一位心理学教授曾遇到过一个"不幸"的青年，这个青年是某大学的毕业生，他的体态魁梧。然而，他甚至连买一顶草帽的钱都没有。他说，要不是他的父亲每星期供给他钱，他准挨饿。这个青年人说他尝试过许多事情，但都宣告失败。他说，他不相信自己有能力，因为他做什么都不会成功，所以，他至今需要他人救济。

这位教授听后却认为，这个青年什么都不行的思想，让他无法有正确的行动和走上生活的正轨之途的信心。

贫穷本身并不可怕，可怕的是贫穷的思想以及为此的沉沦。人千万不要有自己命定贫穷、最终老死于贫穷的这种信念！

人要学会用坚毅的决心同贫穷奋斗。因为世间的种种幸福，是奋斗而来的。

所以，当你坚定意志，一往无前地准备"脱贫"，朝"成功"、"富裕"的目标前进时，"我一定行"的信念会给予你无穷的力量。

知识改变命运

卡耐基告诉我们，求学是为了探求真理，一个人从娘胎里"呱呱"坠地来到人世间，相伴而生的还有无数个"未知"，以及数不清的"疑问"。探求真理是人的本能。终生求学，活到老，学到老，才会永远紧跟社会的发展潮流，不会被社会淘汰。

在一个小镇上，有位老人有两个儿子，大儿子不学无术，二儿子从小聪明好学。一天他把两个儿子叫来，对他们说："你们俩年纪也不小了，该到外面闯闯啦！"

这两个儿子遵从父命，前往繁华的大都会。大儿子数天后便回来了。"怎么回事？你为什么这么快就回来了？"老人有些吃惊地问。"爸爸，你不知道，那儿的物价实在太可怕啦！连喝个水都得花钱买呢！以后在那儿生活怎么吃得消？"

没过多久，二儿子拍了封电报回来："这里可真是遍地黄金呢！连我们喝的水都可以卖钱哩！我这阵子不打算回去啦！"又过了几年，二儿子在大都市发了财，他掌握了城市大部分的水市场，成为富甲一方的大财主。

同样的环境，有人看到机会，有人却只看到问题。是什么因素造成的这种差异呢？很显然，是知识决定了两个人的眼光大相径庭！不管什么时候，一个人的知识对一个人的发展影响巨大，只有平时注意学习的人才能进步，才能发现更多的机会！

比尔是一家公司的低级文员，他很不满意自己的工作，经常忿忿地对朋友说："我的上司一点儿也不把我放在眼里，改天我要对他拍桌子，然后辞职不干。"朋友问他："你对那家贸易公司完全弄清楚了吗？对他们做国际贸易的窍门完全搞通了吗？"比尔摇了摇头，不解地望着朋友。

朋友建议道："君子报仇十年不晚，我建议你把商业文书和公司组织职能完全搞通，甚至连怎么修理影印机的小故障都学会，然后再辞职不干。"看着比尔一脸迷惑的神情，朋友解释道："你用现在的公司做免费学习的地方，什么东西弄懂了之后，再一走了之，不是既出了气，又有许多收获吗？"比尔听从了朋友的建议，从此便开始发愤努力钻研业务知识，甚至下班之后，还留在办公室研究和自己业务相关的理论方面的知识。

一年之后，那位朋友偶然遇到比尔，问道："你现在大概准备拍桌子不干了吧？"比尔摇头说："我不想走了，近半年来，老板对我刮目相看，最近更是不断给我加薪，并委以重任，我已经成为公司的红人了！""这是我早就料到的！"他的朋友笑着说，"当初你的老板不重视你，是因为你的能力不足，却又不努力学习；现在你大有长进，当然他们会对你刮目相看了。"比尔认同的点头称是。

与其抱怨别人不重视我们，不如努力学习，不断提高自身能力，这才能为自己赢得地位和尊严！

一位名叫尼古拉的希腊籍电梯维修工对现代科学很感兴趣，他每

别说不可能，信念改变人生

天下班后到晚饭前，总要花一小时来攻读核物理学方面的书籍。后来，随着知识的积累增多，一个念头跃入他的脑海。1948 年，他提出了建立一种新型粒子加速器的计划。这种加速器比当时其他类型的加速器造价便宜而且更强有力。他把计划递交给美国原子能委员会作试验，后经改进，这台加速器为美国节省了 7 000 万美元。尼古拉得到了 1 万美元的奖励，还被聘请到加州大学放射实验室工作。

很多人认为，学习的最佳年龄是在 20 岁以前，过了这个年龄，就没有必要也很难继续学习下去了。其实，这样的想法是存在偏差的。查斯特·菲尔德爵士曾对一名记者说："在回首自己一生的得失时，我感慨最大的就是：自己能够有今天的一切，完全要归功于自己一生都能坚持排除外界的干扰，沉浸在书的乐趣中。更让我聊以自慰的是，就在我像你现在这个年纪时，没有虚度光阴，曾经以认真的态度努力用功过！当然，也不能说一点遗憾也没有，那就是，当时的我，如果更努力的话，现在的满足感一定会更大。总之，因为当时在读书上的认真与刻苦，才让我找到了远离世俗的乐趣，而且这一习惯使我受益一辈子。我希望你也能获得这一乐趣，以使你在退休之后，也能生活在群书环绕之中。"

能在年轻时储存一定程度的知识，是一件很好的事。但对每个人来说，终生学习非常必要。人只有每个时期都离不开学习，才能与时俱进，赶上时代潮流。但如果你总不努力，让时间悄悄地溜走，那么你在各个阶段的时间应该获得的知识量就会锐减，这对你的人生旅程来讲，绝对是一大损失。相反，如果你能十分有意义地利用好人生中的每一段时间，把每段时间所学的知识积累起来，到了将来，这些

"积蓄"将会生出很多"利息",让你得到丰厚的回报。

假使你真有向上的志愿,假使你真想补救早年失学的损失,你该谨记,利用可能的条件或机会,努力摄取知识,这是使人知识广博的唯一途径。你每天所遇到的每个人,都能增益你的知识。比如,你遇见的是一个印刷师傅,他也能告诉你许多印刷的技术;比如,一个泥水匠也能告诉你建筑方面的技巧;比如,一个普通的农夫,也有他做人做事的经验,你从他身上也能得到许多知识。

卡耐基曾说:"一个人的一生,应该是一个不间断的自我教育的过程,年龄、受教育程度或其他原因不应成为阻碍自我教育的因素。"所以我们每一个人都应该时常提醒自己:我现在就付诸行动,去努力学习,打好基础,以便将来更好地服务于社会,实现自己的人生理想。

此外,人还要特别注意,"学习"不仅仅是用眼睛,而且要用脑袋,比如,每天映入我们眼帘的知识极其多,但却很少留下印象,更难说有什么发现和收获了。学习是有目的的,是要寻找,是要发现,更是要认识的。那么,我们该怎样养成良好的学习习惯呢?

1. 要做有心人

要有意识地要带着问题去学习,这样的收获才能大,印象才能深。俗话说:"事事留心皆学问。"我们不仅要学书本知识,还要留心实践中的知识,特别是学了之后要用心去领悟,这样学习的目的性才会明确,收获也往往很大。

2. 抓住学习的重点

在学习的过程中不断地进行分析、综合、比较、判断,只有这样，才能把握学习的要点，并不断发展与提高自己的能力。

法国著名作家莫泊桑初学写作时，曾向前辈作家福楼拜请教。福楼拜并没有面授机宜、指点要津，而是给莫泊桑布置了一道观察练习题："请你给我描述一下那位坐在商店门口的人，他的姿态，他整个的身体外貌。要用画家那样的手传达他全部的精神本质，使我们不至于把他和别的人混淆起来。"这种学习，就是有明确的具体的方法，他让人通过自己的分析、综合、比较、判断，剔除那些浮泛的、皮毛的、一般的甚至虚假的现象，这样的学习，会使学习者思维敏锐，会提高认识力、辨别力、洞察力。

学习要有意识地通过不同的角度、不同的方式进行，这样，才能避免片面和获得假象的东西，才能获得比较真实、全面的知识。

广博的知识，可以使人们胸襟开阔，不至于流于狭隘、鄙陋，这样的人能够从多方面去接触人生，领会人生。终生不断的学习，是一种能力，更是一种智慧，让我们从现在就反思一下自己是否应该赶快去充充知识的电了吧！

"书中自有黄金屋"。选准自身的定位，丰富自己的知识和专业技能，迅速地为自己充电，就能成为事业中的常青树。赶快行动吧。

乐观的态度是人最重要的资本

一个人的生活态度，会反映在生活的方方面面。乐观的人，面对任何事物都乐观。反之，悲观的人，即使生活无忧也觉得人生了无趣味，认为生活灰暗。卡耐基认为，一个人如果从小就有机会受到"态度"的训练，长大之后，他就自然会拥有良好的习惯，这种人因为品格高尚、态度乐观，将来会很容易成功。

有这样一个故事：

一个老妇人，辛辛苦苦养大了两个女儿。大女儿嫁给了雨伞店的老板，小女儿嫁给了扇子店的老板。

有一年的夏天，天气特别炎热，整个月滴雨未见。这位老妇人就整天唉声叹气："这都一个月没下雨了，我大女儿家的生意可就真要做不下去了，她的日子可怎么过啊？"

一天，终于下起了大雨，但此后天天有雨，老妇人开始担心她的小女儿了："哎呀，这雨老是这么下个不停，我小女儿他们店里的扇子，还能卖给谁呢？这可怎么办呢？"

就这样，老妇人陷入了忧虑之中。

有一天，一个好心的邻居对她说："天下雨了，你大女儿家的雨

别说不可能，信念改变人生

伞一定会卖得很好，你应该为大女儿感到高兴；而不下雨的时候，你小女儿家的扇子就一定卖得不错，你也该为小女儿感到开心啊。"老妇人一想，是啊，邻居说得一点儿也没错啊！

从此，她无论晴天雨天都很快乐。

人快乐与否，只在自己的选择。虽然成功应具备很多重要条件，但有一种重要的资本就是乐观的态度。波兰作家显克微支笔下的"小音乐家"杨科的世界中，处处都有着美妙无比的音乐；然而在别人听来，那不过是平淡无奇的虫吟蛙鸣、风声鸟语、流水和车轮声。所以，养成快乐的态度，微笑地面对生活，就会成为情绪的主人。比如，在约会时，对方迟到了十来分钟。如果爱心胸狭猛的人，就会制造出种种不愉快的猜测：故意晾晾我，摆架子，故作矜持，想甩掉我，等等。但有快乐习惯的人，却常常这样想：准是误了事，或者是单位有重要的事，于是能谅解对方，自己也避免了不愉快情绪的干扰。"干吗要把事情想得那么糟呢？"这是快乐的人常常说的话。

对生活持快乐态度的人，性格特征通常是开朗、豁达、豪放的；而生活中不能感受快乐的人，通常是那些心胸狭窄、脾气古怪、性格孤僻、好挑衅或好顾影自怜的人。《红楼梦》中的林黛玉之所以整天难开颜，跟她的小心眼儿、处处爱使性子分不开。所以，要使快乐成为自己的生活态度，必须从改变自己的性格入手。

人要经常反省自己性格上的弱点，是急躁易怒常现不快呢？还是爱妒忌或爱使性子？如果是前者，就要学会耐心、冷静地对待生活；如果是后者，那就更需要加强思想修养，学会宽厚待人，培养谦虚美德。因为美好的性格，高尚的品德，是快乐的支柱和依附之处。

有一次，孔子和几个学生在一起谈心，他鼓励大家说说自己感觉最快乐的事情。子路最志向远大，他说："一个有一千辆战车的国家，面临内忧外患，我去治理它，三年就能使这个国家充满勇气，并且人民很守规矩。"冉有和公西华一贯比较谦虚，一个说："方圆六七十里或五六十里的小国家，我可以在三年内使人人富足，至于礼乐教化，那还要靠别人来帮忙。"另一个说："我的本领还不够，但愿意不断学习，在祭祀和外交典礼上，我可以穿戴整齐去做个小司仪。"最后轮到曾参，他停止了弹琴，站起来说："我认为最快乐的事是，暮春三月，穿着轻便的春装，和五六个朋友一起，带上六七个小孩，在河里洗洗澡，在郊外吹吹风，然后一路唱歌走回家。"

孔子听了，说："我的想法与曾参一样呀！"

其实，我们每个人的快乐与痛苦都不是所做事情本身造成的，而是我们看问题的态度。为什么有些人天天为生活努力，却整天乐乐呵呵？为什么有些人事事顺意，却仍然郁郁寡欢？天堂与地狱，其实就在我们自己心中，就看我们自己如何选择。世界卫生组织曾进行过一项各民族快乐指标的调查，在接受调查的 22 个国家总共 2 万多人中，只有 9% 的中国人认为自己是个快乐的人。换句话说，10 个中国人中有 9 个认为自己不快乐。而认为自己快乐的英国人占 36%，印度人占 37%，美国人占 46%。有人会说是因为我们不如美国人那样有钱，是这样吗？其实，钱多钱少与快乐无关。

人生在世，不如意事十之八九。一位哲人说："意识本身可以把地狱造就成天堂，也能把天堂折腾成地狱。"佛经上也说：一切烦恼，皆由心生；一切痛苦，皆由心受；一切善恶业缘，皆由心起。这说明，我们不可能时时事事顺心顺意，但是我们完全可以以乐观的态度选择满足，选择快乐！因为，我们的态度决定了我们对待问题的方法，你可以像你所希望的那样快乐，也可以因为内心不高兴而向态度"投降"。

所以无论何时，遇到问题，不要一遍遍地去想那个问题多么多么难，相反，应该想一想如何解决问题，想一想下一步该怎么办。人一旦开始思考能做些什么来解决自己面对的问题，就会变得清醒，变得积极，慢慢就会乐观了。

拖延是对生命的挥霍

拖延是有碍成功的一种恶习，我们很多人的身上都潜藏着这种恶习，只是很多人有可能并未意识到这一点，反而找出各种理由为自己辩解。实际上，拖延是因为自身的惰性在作怪。

春天的某个早晨，太阳刚刚升起，喜鹊就来到了猫头鹰先生的家门口，欢快地叫着："猫头鹰先生，快起来，借着早晨明媚的阳光，练习自家的捕食本领，不要再睡懒觉了。"猫头鹰睁一只眼闭一只眼，身体一动不动地蜷屈在窝里，懒懒地说了声："是谁呀？这么早就上这来瞎叫！人家还没有睡醒呢。啥时练不行？还得再睡一会儿。"喜鹊听了这话只好独自锻炼去了。

中午，喜鹊又来了，一看猫头鹰虽然醒了，但还是在床上躺着。喜鹊刚要说话，猫头鹰抢着说："天还长着呢，练什么呢？趁早还是休息的好。"喜鹊说："已经不早了，都到中午了，你该锻炼捕食技巧了。"可是猫头鹰还是一动不动。太阳落山之前，喜鹊又飞到猫头鹰家，看见猫头鹰刚刚起床洗脸，就对他说："天要黑了，要休息了，你怎么才洗脸啊？"猫头鹰说："我就这习惯，晚上饿了才开始捕食。"喜鹊说："这么晚了你还能捕到什么食！"

这时，天已经黑下来了，猫头鹰拍打着翅膀从一棵树上飞到另一棵树上，累得筋疲力尽，什么食物也没捕到，肚子饿得"咕咕"叫，他也"哇哇"地乱叫，声音非常难听。

上面这则小小的寓言故事，告诉人们一个深刻的道理，那就是要珍惜时间。古人说过："一寸光阴一寸金，寸金难买寸光阴。"昨天和今天没什么大区别，今天和明天也没有什么不一样，一年四季，春夏秋冬循环往复，但是人个子长高了，慢慢又变矮了，头发由黑变白，身体由强变虚，直到再也动不了，这时才想起，该学的没有学，该会的没有会，该做的没有做，但是过去了的时间却再也找不回来了。

卡耐基说："有些人能在瞬间果断地战胜惰性，积极主动地面对挑战；有些人却深陷于"激战"的泥潭，被主动和惰性拉来拉去，不知所措，无法定夺……时间就这样一分一秒地浪费了。"这段话讲的非常正确。

君不见，很多人每天清晨当从闹钟中惊醒时，虽然不断地对自己说：该起床了，但总是忍不住给自己寻找借口——再躺一会儿。于是，在忐忑不安之中，又躺了5分钟，甚至10分钟……

看看那些勤奋者是如何做的吧——他们对时间的态度恰好与惰性者相反。著名画家达·芬奇，还是位事业未竟的发明家与工程师，他在小本子上写呀写画呀画，潦草记录下一些超越时代的点子：新型时钟、双身船、飞行器、军事坦克、里程表、降落伞、光学仪器、挪移河流大法仪……保存下来的，整整有5 000多页。但是由于他的"拖拉"，他有的"点子"想了好些年，有的改了上千次，一个都没有实现。传说达·芬奇的临终遗言为："告诉我，告诉我，有什么事是完成了的。"

在美国著名西点军校中，校训是不允许任何一个学员有拖延这样的坏习惯的。当军号声响起，每一个学员必须准确无误地列队集合。因为学员们清楚，一次拖延，可以延误一场战事，更可能因此而付出惨痛代价。所以，学员们的口号是"绝不拖延"。

一个替人割草的男孩打电话给一位太太说："您需不需要割草？"太太回答说："不需要了，我已有了割草工。"

男孩又说："我会帮您拔掉花丛中的杂草。"太太回答："我的割草工做了。"

男孩又说："我会帮您把草与走道的四周割齐。"太太说："我请的那人也已做了，谢谢你，我不需要新的割草工人。"男孩听后挂了电话。

此时，男孩的室友问他："你不是就在那位太太那儿割草打工吗？为什么还要打这电话？"男孩说："我只是想知道我做得好不好！"

朋友们，难道你不羡慕男孩这份行动力吗？他是有理由骄傲的，因为仅仅割割草的割草工是最一般的割草工，能拔掉花丛中的杂草的割草工是难得的割草工，而能把草与走道的四周割齐的割草工是最完美的割草工。男孩的勤奋使他变得不能被取代！

对于一个渴望成功的人而言，在有限的生命里，与其将人生的成功外求于无限的未知，莫若内求于可以把握的自己。所以，马上开始行动吧，人无论做什么事情，无论在什么样的条件和环境下，都要记住努力将勤奋不拖延的"实践主义"渗透到思维。而做事拖拉，每日只沉浸在梦想中的人，或眼高手低的人，无异于"苟且偷安"。卡耐基在对待拖延上给我们提供了如下建议：

别说不可能，信念改变人生

（1）克服拖延的习惯。

如果不根治拖延这一恶习，拖延就会像腐蚀剂一样侵蚀我们的意志和心灵，阻碍潜能的发挥。所以，要成为一个优秀的人、一个成功的人，首先就要克服拖延的恶习。人首先要专心致志地把精力投入到自己认为重要的事情上面，如果总是犹豫不决，就不会开始行动。

还有，你要做到不管这一天你有多忙，不管你遇到多少干扰，都要努力先行动起来，完成自己所定的那件使你向目标迈进的事，并且要调整自己的心态，把对自己有影响的事坚决去掉。

（2）不要在拖延的时候安慰自己。

很多人经常在拖延的时候安慰自己，这是绝对不行的。首先人要自律，对自己的拖延行为应当毫不留情地批评改正。不妨扮演导师和教练的角色，时刻督促自己努力再努力。

（3）克服拖延的最佳办法就是让拖延逐渐从你的生活中消失。

要实现这一点不是很容易，比如有许多成功者虽然不是做任何事都完全清楚细节，但他们知道什么是必须要马上做的，因而，他们绝不让其他事分自己的心，或不让细节拖慢前进的脚步。还有些做事雷厉风行、能干的人，在做许多事时都有一套不拖拉哲学，就是不理会每一个阻碍自己分心的事物。

时间是宝贵的，无人能使它延长。而成功的人清楚，只有珍惜时间，不让一分一秒浪费，才能做更多的事。成功者擅于区分什么该是他们立刻做的，什么是不必做的。所以为了珍惜时间，人应学会从选择开始，这样才能更好的行动。

　　请坚信："绝不拖延"是工作与生活对渴望成功者的必然要求，为了达到这个要求，就要从"立即执行"做起，让自己成为一个完美的执行者。

节俭是人终生受用的佳肴

随着人们生活水平的提高，越来越多的人简朴的观念日益淡薄，取而代之的是"奢侈观"和"享乐观"。其实，节俭是人容易忽略掉的人生中最重要的事物，人如果抛弃了节俭的作风，就意味着抛弃了财富。不浪费并不仅仅像扔掉几件有用的东西那样简单，节俭的背后有着深深的意义。

在能成大事人的眼里，一分钱也是资本，一分钱也是财富得以生长的种子。很多白手起家的大富翁们，在投资、捐赠等方面出手阔绰，但在自身的支出上却是异常的俭省。富兰克林曾说："对，致富的唯一方法就是赚的多花的少。"他还说："如果你不想因有人讨债而气恼，不想因受饥饿和寒冷的痛苦，那么你最好和忠、信、勤、苦四个字交朋友。同时，不要让你赚得的任何一分钱从你的手中轻易地流走。"

有一个人从一无所有变成一个全城最富有的人，许多人就去找他询问致富的方法，富翁说："假如你有一个篮子，每天早晨在篮子里放进 10 个鸡蛋，每天晚上再从篮子里拿出 9 个鸡蛋，最后将会出现什么情况呢？""总有一天，篮子会满起来。"有人回答，"因为每天放进篮子里的鸡蛋比拿出来的多一个。"富翁笑着说："对，致富的原则就是在你放进钱包里的 10 个硬币中，最多只用掉 9 个。"

这个故事要说的是：除非养成节俭的习惯，否则你永远不会积聚财富。

俭朴是一种美德，也是致富的手段。否则，纵使你有再多的钱，也禁不住开销。有这样一个故事：

杰克、鲍勃是两位好朋友，他们人口、家底及收入均相当，可是不知什么原因，杰克的日子越过越富裕，鲍勃的日子却越过越贫穷。

鲍勃心里很纳闷，一天早上，他跑去向杰克请教过日子的诀窍。

杰克仔细思索了一会儿，然后把鲍勃带到一口井边，并要求他打水，打完了水再告诉他过日子的方法。杰克交给鲍勃两只水桶，叫鲍勃用有底的水桶打上水倒在没底的水桶里，待没底的水桶倒满了才能回去。鲍勃心里很奇怪，明知没有底的水桶倒不满水，但既然杰克说了，就只好照办。

鲍勃用有底的水桶打上满满一桶水，倒进没有底的水桶，水马上进入地中。一直打到天黑他才回家。杰克叫鲍勃明天再来。次日，杰克又带着鲍勃到井边打水，这次要他用没有底的水桶打上水往有底的水桶里装。鲍勃心里仍然感到很奇怪：这不是依然打不满水吗？但既然杰克说了，他只好照办。鲍勃用没底的水桶打水，每次都能带上一点点水，装在有底的水桶里。打到天黑，有底的桶居然盛满了水。鲍勃高兴极了，急忙跑去告诉杰克，并叫杰克快告诉他过日子的秘诀。杰克大声笑着说："秘诀不是已经告诉你了吗？打水好比家庭经济收入，漏水好比家庭生活开支！如果不注意节约，你赚得再多也存不下钱，相反，注重节约，你赚得再少，日积月累，也是一笔不小的数目。"鲍勃恍然大悟，说："知道了，知道了，过日子光靠勤劳还不行，还一定要重视节俭！"

如果把生活比作一口缸的话，那么我们生活的目的就是要在这口缸里注满水。在这个过程中，很多人常常忘了这口缸既有出口，又有进口，因而，在拼命往里面灌水的时候，首先注意应把出口尽可能开到最小。节约和赚钱应是两条平行的线！

犹太人有一个观点，省的就是赚的，现在这个观点得到了很多人的广泛认同。是的，节俭永远是最简单有效的理财方法。如果连节俭都做不好，那么赚得再多也是没有意义的。所以，我们每一个人都要省下每一分能省的钱，做一个彻头彻尾的"守财奴"和"小气鬼"。因为生活中处处充满着不可预知的风险，每个人都应未雨绸缪，为未来多做点打算。

人年轻的时候不把钱当回事，年老时必然会为没钱所愁。所以，有钱的人需要理财节俭，没钱的人更需要开源节流。卡耐基认为："应该学会聪明地花钱，不要让财富白白流失。"但如何才能使你花出去的金钱得到最高价值呢？这是每个人都应该学习的。就像大公司里那些专门的采购人员一样，他们总是设法替公司采购到最便宜的东西。你也应该这样做。学会聪明花钱的同时，不让财富白白流失的另一个好的办法，是学会节俭。

所以，一个人若想获得财富，首先要合理消费，克制自己的欲望。虽然有些人把吝啬看成节俭的孪生兄弟，但这其实是一个很大的错误。实际上，节俭的真正含义是：当用则用，当省则省，也就是说，花费一定要恰到好处。但吝啬的含义就不同了，它是指当用时不用，不当省时也省。

卡耐基曾说过："通常人们认为，节俭这两个字的含义应该是'省钱的方法'。其实应该解释为'用钱的方法'。也就是说，我们应该怎样去购置必要的家具；怎样把钱花在最恰当的用途上；怎样安排自己的衣、食、住、行，以及生育和娱乐等等方面的花费。总而言之，我们应该把钱用在最为恰当、最为有效的地方，这才是真正的节俭。"他还告诉我们："有许多人来向我请教成功的诀窍，我告诉他们，最重要的就是节俭。成功者大都有节俭的好习惯，任何好朋友对他们的援助、鼓励，都比不上一个薄薄的小存折。唯有储蓄，才是他们成功的基础。节俭具有使人自立的力量。储蓄能够使一个人站稳脚跟，能使他鼓起巨大的勇气，振作全副的精神，拿出完全的力量，来达到成功的目标。"

如今，很多人在用钱上没有计划性，所以，在不知不觉中使大量的钱财无意中从指缝里流走。如果养成了计划用钱的良好习惯，把每次的花费都合理使用，仔细核算，好好筹划，这样，对于一个人未来的事业发展，会有巨大的帮助。

以前有一个年轻人到印刷厂里去学习技术，其实他家的经济状况很好，但他父亲要求他每晚必须住在自己家里，而且要每月付家里一笔住宿费。一开始，那个年轻人觉得父亲对他太苛求了，因为他当时每月的收入，刚够支付这笔住宿费。几年以后，当这个年轻人自己准备开设印刷厂的时候，他的父亲把他叫到跟前，对他说："孩子，现在你可以把每年陆续付给家里的住宿费拿回去了。我这样做的目的，是为了让你积蓄这笔钱，并非真的向你要住宿费。好啊，现在你可以拿这笔钱去发展你的事业了。"那年轻人至此才明白父亲的一番苦心，对父亲感谢不尽。如今，那年轻人已经成为美国一家著名印刷厂的老板，而他当年的很多伙同伴们却因自小未能养成节俭的习惯，如今仍然碌碌而为。

上面这个故事是一个富有教育意义的真实故事。它给人的启示是：唯有养成节俭并善于储蓄的习惯，将来才有希望享受成功与财富。

一部著名小说里有一段话说得很有意思："宁愿因饥饿而倒地，也不要去向人借钱！"饥饿、寒冷和贫困虽然会让人很难受，但为了心中的那个目标，人有时必须暂时有所牺牲。美国的大富翁约翰·阿斯特先生在晚年说，"如今他赚 10 万美元并不比以前赚 1000 美元难。但是，如果没有当初的 1000 美元，他也许早已饿死在贫民窟里了"。其实牺牲掉一些享乐并不会使人损失什么，所以，人千万不能为了图一时的享受而抛弃了光明的前途。浪费和挥霍会让人把廉耻踩在脚下，使人的信用丧失殆尽，使人的志气消磨，名誉败坏，使人的生命像驶入漫无边际海洋的一叶孤舟，失去方向，断送了前途。

如果问你愿意处在穷困的境地吗？你愿意让债主时时来逼你还钱吗？你愿意因负债而坐牢吃苦吗？你愿意一生屈居人下不得翻身吗？你的回答是——当然不愿意，而做到这一切，就是不要让财富从你的手边溜走，成功的人都是先苦后甜，财富也是慢慢积累的，所以，记住万丈高楼平地起，一定要养成节俭以及储蓄的习惯。

珍惜自己和别人的时间

时间比黄金更宝贵，善于对自己的生命作出合理性安排的人，才能做自己命运的主人。一个人对待时间的态度，反映出对不同事情的重视程度：经常不守时的人，是对自己和别人的不尊重；经常迟到的学生，多半对学习不重视；上班迟到的人，没把工作放在首要位置……可见珍惜时间就是珍惜自己的声誉、财产、生命。

几乎每个成功人士的背后都有珍惜时间的故事。西点军校对守时有着严格的规定，在任何时候，迟到都会受到最严厉的惩罚。因为对于军人来说，时间就是生命，耽误一分钟就可能造成整个战役的失败。

拿破仑是西点学员学习的楷模，但他兵败滑铁卢的惨痛教训，学员们也是铭记于心。拿破仑深知，每场战役的"关键时刻"决定了整场战役的成败。他说过，奥地利军队之所以不敌法国军队，是因为奥地利军人不懂得一分钟的价值。但是，对于一个这么重视时间价值的人来说，也会让时间打败。在滑铁卢那个生死存亡的上午，他自己和格鲁希就因为一分钟之差而被敌人打败。

历史上的人物是这样，现在的我们也一样。随着现代生活节奏的加快，更加呼唤着人们要有珍惜时间的意识，这也是现代人所必备的素质之一。但是，太多的人不珍惜时间的情况也经常在我们的身边发生。通知了几点开会，却总有那么几个人迟到；约会时间已到，有人就是不见踪影；要求什么时间要办完哪件事，到时也总有人不能按时完成。如果只是偶尔一次，也情有可原，然而太多的迟到早退现象出现，既浪费了自己的时间，也浪费了别人的生命。

中国古代有这样一个寓言故事：

两个猎人一同打猎。天空中一群大雁飞来，二人急忙张弓搭箭，准备把它们射落下来。

忽然，一个猎人说："哎呀，伙计，这大雁如果打下来煮着吃，滋味肯定不错。"

另一个猎人听了，把举着弓箭的手放下来，说："不，还是烤着吃好，烤雁又香又酥。"

两个人各持各的理，争吵起来。后来请人来评判，才找到一个解决的办法：把大雁一半煮着吃，一半烤着吃。争吵停止了，二人这才重新张弓搭箭，再去射雁。可是，那群大雁早已凌空远翔，飞得不知去向了。这两个猎人，到手的大雁也没吃成。

故事中的两个猎人犯了什么错误呢？原来他们把精力浪费在了无谓的争执中，争执中没有留意时间已悄然溜走，所以到头来是两手空空。时间是不等人的。谁抓住了时间，谁就抓住了生命中的一切。

一个人只有珍惜时间，把更多的时间用在更有效益的地方，才是时间的主人。工作的时候，我们全身心地工作，创造财富；生活的时候，我们尽情享受生活，营造欢乐和谐氛围。人珍惜时间，不虚度时光，让自己的生存更有价值，更有意义，工作中提高工作的效率，生活中，提高生活的质量，让生命的价值在有限的时间里尽量发挥，这就等于增加了生存的"密度"，扩充了有限生命的内涵。

当然，珍惜时间的含义还不只如此，一个珍惜时间的人，知道什么是时间的价值。老罗斯福总统就是这样一个模范人物：当一个久别重逢只求会见一面的客人到来时，他总是在握手寒暄之后，便很抱歉地说，他还有许多别的客人要接见，这样一来，来客就会很简洁地道明来意，然后告辞而返了。

有一位大公司的经理，一向待客谦和有礼，他每次与来客把事情商洽妥当之后，便很有礼貌地站起身来，向来客握手道歉，叹惜自己不能有更多的时间再跟他多谈一会儿。那些客人对他的诚恳态度十分满意，从不会认为他很吝啬地只肯会谈两三分钟。

现代商界中，与人洽谈生意，能利用最少时间产生最大效力的人，首推美国银行大王摩根。他的珍惜时间的很多做法，曾招致了许多人的指责，但现在细细想来，其实人人都应有这种习惯。

摩根每天上午 9 点 30 分来到办公室，下午 5 点回家。有人计算他每分钟的收入是 20 美元——据他自己的统计还不止此数，除了与生意有重要关系的接洽外，他从来不与人交谈 5 分钟以上的时间。通常他总是在一间宽敞的办公室里，与很多办事人员一同工作，而不像许多商界要人，只和他的秘书在一个房间里。他随时都在指挥手下的员工，依照他的计划行事。工作时间，如果你走进他的办公室，会很容易见到他，但如果你没有要紧的事，他绝不会欢迎你。任何人对他说话，一切转弯抹角的手段都会失去效力，他可以对来客的任何话做出迅速的回应，这样一来，很想与他谈天的人大多没有机会，摩根珍惜时间的做法让许多人佩服。

歌德说："谁过玩世的日子，就不能成事；谁不善于安排时间，就永远是奴隶。"所以，人要珍惜时间，珍惜时间具体可从以下几个方面来努力：

1. 正确认识时间的价值

虽然我们的生命是有限的，我们不能绝对地延长寿命，但通过对时间的管理，却可以相对地将生命延长。你想获得生命的增值，就必须保持百倍的警惕，不让时间快速地溜走，带快你生命的节奏。

2. 战胜自己的弱点，严格要求自己

有的人知道放纵自己不好，浪费时间不应该，但他们常这样想："先自由一段时间，待以后再说也不迟。"然而，当一个人已经习惯了浪费时间并已经倒退了一段路程后，要想赶上队伍，谈何容易！所以，不要让自己的弱点牵着鼻子走，而是要战胜自己的弱点，珍惜时间。

3. 培养抓紧时间的自觉性

首先，人要有一种紧迫感。光阴似箭，要督促自己做什么都不要松懈。其次，要有具体的生活目标。托尔斯泰有一条生活准则："要有生活目标：一辈子的目标，一段时期的目标，一个阶段的目标，一天的目标，一个小时的目标，一分钟的目标，还得有为大目标牺牲小目标的精神。"最后，要善于自我反省，及时行动，浪费时间后埋怨、叹息、绝望、后悔、急躁都没有用处。

那么怎么能抓紧利用时间呢?

（1）把你的生活组织起来，制订一个生活、工作、学习计划表。

（2）听一分钟心跳，体会时间的分秒流失，懂得珍惜它。

（3）采取"从现在开始做"的态度，对待每一件事情。

（4）写下已经拖延很久的事情，找时间去弥补。

（5）除了休息，不要给时间留下空白。

如果你能照着上面5条去做，就能珍惜每分每秒的时间，就能抓住每分每秒的时间，就能获得成功。

坚韧的意志是成功的保证

每一个人要克服障碍，都离不开坚韧的意志力。人在面对着执行的每一个艰难的决定，依靠的是内心的力量。苏轼有句名言："古之立大事者，不惟有超世之才，亦必有坚忍不拔之志。"

卡耐基告诉我们，如果自己感觉不好，似乎已经到了一个承受的底线，那就要暗示自己，再坚持一下。坚持是一种莫大的勇气，这种勇气往往可以创造奇迹。

"再坚持一下"是一种不达目的誓不罢休的精神，是一种对自己所从事的事业的坚强信念，也是高瞻远瞩的眼光和胸怀。它不是蛮干，不是赌气，而是在通观全局和预测未来后的明智抉择，它也是一种对人生充满希望的乐观态度。

胡里奥是世界著名的音乐家，由于他用世界上 6 国语言演唱的唱片已经销售了 10 亿多张，使他获得了吉尼斯世界纪录创办者颁发的"钻石唱片奖"。在欧洲，胡里奥已经 5 年都是流行歌曲的榜首明星，《法国晚报》曾赞扬他为 20 世纪 80 年代的一号歌星。胡里奥假如没有雄心、勇气和铁一般的毅力，那么今天他可能只是一个默默无闻的残疾人。

1963 年 9 月，他和 3 个朋友沿着郊区的大路驱车向马德里家中驶去，当时已过午夜，纯粹出于年轻人的胡闹，他把车速开到每小时100公里，驶到一个急转弯处，汽车陡然滑向一侧，一个跟头翻到了田里。当时没有人受重伤，过了一段时间，胡里奥感到胸部和腰部急剧的刺痛，伴随着呼吸困难和浑身发抖。神经外科专家诊断是脊椎出了问题，不久，胡里奥瘫痪了，他被送到一个治疗截瘫病人的医院，脊柱检查发现：他背上在第7根脊椎骨上长有一个良性瘤，随后做了外科手术把瘤摘除。但是胡里奥回家后腰部下面仍不能动弹，这种情形让他无比沮丧，虽然胡里奥在几年后恢复了一点活动能力，但是进展缓慢，锻炼使得他精疲力尽。胡里奥有时也很绝望。有个护士得知这种情形，给了他一把价钱不贵的吉他，他开始无目的地拨弄起来，他发现这种乱弹乱奏给他消除了忧虑和无聊。这种乱奏引发他跟着哼起来，后来试着居然能唱出几句。最使他高兴的是，自己的嗓音还不错；手术后的4个月，胡里奥站在地板上，手抓着他家里楼梯的扶手，费力地试着举步上楼，他总算走出了迈向康复的第一步。

胡里奥每日的目标就是比头天多迈出一步，为了加强身体其他部位的锻炼，他沿着门厅不停地爬行四五个小时。在他的住地，他能挂着拐杖沿着海滩缓慢费力地行走，而且每天早上，他在地中海里疲倦不堪地游上三四个小时，最终，他把手杖扔到了一边，每天慢行10公里。

1968年，他于法学院毕业，他曾打算进入交响乐团。在那时，音乐仅是一种消遣，长期而孤独的恢复期使胡里奥产生了灵感，他写出了自己的第一首歌《生活像往常一样继续》。

1974年，他的唱片《manuela》使他在法国成为第一个获得金唱片奖的西班牙歌手。

别说不可能，信念改变人生

1978 年，胡里奥和哥伦比亚广播唱片公司签订了一项长期合同，花了 6 个月的时间录一张唱片，他先用西班牙语演唱，后来用了法语、意大利语、葡萄牙语和德语演唱。同时他录制了用英语首次演唱的唱片。他用自身经历证明了他的箴言："人总有理由生存，总有理由奋斗！"这就是一个有雄心成大事者性格的真实写照。

人生的路上，或许只有一次机会，所以要看准自己的将来，下定决心，选择没有后悔的生存之道。人要奋斗，就要有足够的勇气和冲力。有的人为了自己的梦想，可以坚持一年，两年，10 年，20 年，甚至一辈子，而至死不渝，这样的人即使没有成功，也不会后悔于往昔自己的追求！

卡耐基讲过这样一个故事：

我最要好的朋友是个非常有名的管理顾问。有一次，我走进他的办公室，马上觉得自己"高高在上"似的。办公室内各种豪华的装饰、考究的地毯、忙进忙出的人潮以及知名的顾客名单都在告诉你，他的公司的确成就非凡。但是，就在这家鼎鼎有名的公司背后，藏着无数的辛酸血泪。他创业之初的头 6 个月就把 10 年的积蓄用得一干二净，一连几个月都以办公室为家，因为他付不起房租。他也婉拒过很多好的工作，因为他想实现自己的理想。他曾被顾客拒绝过上百次，但在整整 7 年的艰苦挣扎中，他没说过一句怨言，他反而说："我还在学习啊。虽然我从事的事业有着一种无形的、捉摸不定的生意竞争，很激烈，实在不好做。但不管怎样，我还是要继续坚持下去。"后来，他真的做到了，而且做得轰轰烈烈。

我有一次问他："事业把你折磨得疲惫不堪了吧？"他却说："没

有啊！我并不觉得那很辛苦，反而觉得是受用无穷的经验。"

由此可知，倘若没有坚持的努力和奋斗，卡耐基朋友的公司只会化成泡影。倘若干干停停，他朋友的公司也会失去机遇，更与成功无缘。7年的连续坚持是关键中的关键，好比我们提着重物去登山，一口气到了半山腰，感觉已经很累很累，这个时候聪明的人是不会停下的，一旦停下，就很难再继续下去，疲劳感和厌烦感都会随之而来，把原有的信心和勇气挤跑。人只有一鼓作气登上顶峰，才能彻底放松，欣赏美景。

事实证明，任何东西都没有比坚韧不拔的意志更重要。坚韧的意志，是一切事业成功的保证，有些成就大事业的人或许缺乏其他良好的资质，或许有各种弱点和缺陷，但是由于他们具备了坚韧的意志，所以，挫折不足以使他们灰心，困难不足以使他们丧志。他们不管处境如何，总能坚持与忍耐，最终得到别人无法企及的荣誉和财富。

事实上，意志力并非是人生来就有或者不可能改变的特性，它是一种能够培养和发展的心理素质。那么，如何使自己具备坚韧的意志呢？下面几条有助于增强你的意志力，不妨一试。

1. 下定决心，目标明确，积极主动

积极主动的执行力能让你克服惰性，把注意力集中于所做的事情上。为了下定决心，可以为实现自己的目标规定期限。

玛吉·柯林期是加州的一位教师，对如何使自己臃肿的身材瘦下来她制订了方法。后来她被选为一个市场组织的主席，她决定再减肥6公斤。为此她购买了比自己的身材小两号的服装，打定注意要在3个月之后的年会上穿起来。由于坚持不懈，玛吉·柯林斯终于如愿以偿。

2. 权衡利弊，坚定目标

心理学家普罗斯教授曾教前往他那儿咨询的人如何权衡利弊、坚定目标的方法。他说，你可以在一张纸上画好 4 个格子，填写短期和长期的损失和收获。假如你打算戒烟，可以在顶上两格填上短期损失"我一开始会感到很难过"和短期收获"我可以省下一笔钱"；底下两格填上长期收获"我的身体将会变得更健康"和长期损失"我将失去一种排忧解闷的方法"。通过这样的仔细比较，戒烟就比较容易了。

3. 运用精神力量，暗示作用不可小视

俗话说"有志者事竟成"，有志含有与困难作斗争并且将其克服的意思。

法国 17 世纪的著名将领图朗瓦以身先士卒闻名，每次打仗他都站在队伍的最前面。在别人问及此事时，他直言不讳道："我的行动看上去像一个勇敢的人，然而自始至终却害怕极了。但我不能向胆怯屈服，而是对身体说：'老伙计，你虽然在颤抖，可还是得往前冲啊！'"所以，我每次打仗时都毅然地冲锋在前。大量的事实证明，运用精神力量使他具有顽强意志并一如既往地向前，成为一个具有顽强毅力的人。

生活中还有一件有意思的事。

有专家在对戒烟后又重新吸烟的人进行研究后发现，许多人原先并没有认真考虑如何去对付香烟的诱惑，所以尽管鼓起勇气去戒烟，但是不能坚持到底，当别人递上一支烟时，便又接过去吸了起来。这实际上是毅力不够的表现。如果一个人要戒烟、戒酒，只要下了决

心，那么不论在任何情况下都不要去碰烟、碰酒。就像你要坚持慢跑，那么即使锻炼时天下着暴雨，也要在室内照常锻炼。

4. 磨炼意志，培养耐心

早在 1915 年，心理学家博伊德·巴雷特提出一套锻炼意志的方法，包括从椅子上起身和坐下各 30 次，还有把一盒火柴全部倒出，然后一根一根地装回盒子里。他认为，这些练习可以增强耐心和意志力，以便日后去面对更严重更困难的挑战。当然你不一定要用这样的方法培养耐心和意志力，但一定要找到适合自己的方法磨炼自己的耐心和意志。

5. 分解目标，实事求是

如果规定自己在 3 个月内减肥 25 公斤，或者一天必须从事 3 个小时的体育锻炼，这对有些人来说是可以的，对有些人来说就很难做到。很多人对实现的目标，即使有最坚强的意志力有时也无济于事，而且，失败的后果会将自己"再试一次"的愿望化为乌有。因而，将单一的大目标分解成许多小目标，实事求是地进行有效行动不失为一种好办法。

打算戒酒的美国人鲍勃在自己的房间里贴了一条标语——"每天不喝酒"。由于把戒酒的总目标分解成了一天天的具体行动，因此第二天可以再次明确自己的决心。到了周末，鲍勃回顾自己每天的"胜利"时信心百倍，最终与酒"拜拜"了。

6. 逐步培养，乘胜前进

坚强的意志力不是一夜间突然产生的，人在逐渐积累人生经验的过程中还会不可避免地遇到挫折和失败，因而必须找出使自己斗志涣散的原因，才能有针对性地进一步解决。

玛丽第一次戒烟时，下了很大的决心，但以失败告终。在分析原因时，她意识到需要做点什么事来代替吸烟。后来她买来了针和毛线，想吸烟时便编织毛衣。几个月之后，玛丽彻底戒了烟，并且还给丈夫编织了一件毛背心，真可谓"一举两得"。

实践证明，人的每一次成功都将会使意志力进一步增强。当然，如果一个人用顽强的意志克服了一种不良习惯，那么也能增强获胜的信心。成功会使人自信心增加，给人在攀登悬崖的艰苦征途上提供一个个坚实的"立足点"，但这一切离不开人坚强的意志力。所以，人只有逐步培养和积累意志，才会使信心大增，做成大事。

自信心能转化不利因素

对某一些人来说，可能发生的最坏的事情莫过于他们的脑子里总认为自己生来就是不幸之人，命运女神总是跟他们过不去，但如果细究原因，他们更多的是被自己深为令人泄气的暗示所害。一个人要想把不利因素转化成积极的、有利的因素，就要常暗示自己正面的因素。

许多具有真才实学的人，终其一生却少有所成，这是因为他们自信心不足。他们无论想做什么事，总是胡思乱想着可能招致的失败；他们总是想象着失败之后随之而来的"没面子"，一直到完全丧失创新精神或创造力时为止。这就是没有自信心导致的恶劣危害。当一个人非常担心失败或贫困时，当他总是想着可能会失败或贫困时，他的潜意识里就会形成失败和贫困的印象，慢慢使自己越加丧失自信心，越来越处于不利地位。换句话说，他的思想与心态使得他正试图做成功的事情也变得不可能了。

让杰西永远也忘不了的是她上三年级时的一次活动。学校排戏时，她被选来扮演剧中的公主。接连几周，母亲都煞费苦心地跟她一道练习台词。可是，无论她在家里表达得多么自如，一站到舞台上，她头脑里的词句全都无影无踪了。

别说不可能，信念改变人生

最后，老师只好叫杰西"靠边站"。她解释说，她为这出戏补写了一个道白者的角色，请她掉换一下角色。虽然她的话挺亲切婉转，但还是深深地刺痛了杰西——尤其是看到自己的角色让给另一个女孩的时候。

那天回家吃午饭时，杰西没把发生的事情告诉母亲。然而，母亲却觉察到了她的不安，没有再提议她练台词，而是问她是否想到院子里走走。

那是一个明媚的春日，棚架上的蔷薇藤正泛出亮丽的新绿。母亲和她来到一棵蒲公英前弯下腰。"我想我得把这些杂草统统拔掉。"她说着，用力将它连根拔起，"从现在起，咱们这庭院里就只有蔷薇了。"

"可我喜欢蒲公英。"杰西抗议道，"所有的花儿都是美丽的，哪怕是蒲公英！"

母亲表情严肃地打量着她。"对呀，每一朵花儿都以自己的风姿给人愉悦，不是吗？"母亲又补充道，"对人来说也是如此。不可能人人都当公主，但那并不值得羞愧。"杰西想母亲猜到了自己的事，她一边告诉母亲发生的事情，一边失声哭泣起来。母亲听后释然一笑。又说道："但是，你将成为一个出色的道白者。道白者的角色跟公主的角色一样重要。"

杰西听了母亲的话，顿时觉得心里轻松了，她不再委曲和伤心，因为她明白了：自己一定要做一个最好的道白者，不让母亲失望，不让自己失望。

可见，人的心态是可以瞬间转变的，很多人思想上认为所谓的幸运或是"我的命真不好",与自我如何认识自己有莫大的关系。我们经常看到我们中间那些能力并不十分突出的人却干得非常不错,而很多有才华能干的人却常常没做出很大的成绩。有成就的人并不是受到某种神秘的命运在帮助他们,相反他们相信自己能成功地做成某件事。

可以这么说,许多人面临的问题便是根本不知道该如何提高自己的自信心。很多人希望自己有更加光辉灿烂的未来,认为自己应当成为具有辉煌、超凡潜质的了不起的人物。但希望不能盲目自大,而正确的心理暗示能提高人们的自信心。

人的自我暗示中有一笔很大的财富就是暗示自己有自信心,人的希望一定要建立在符合自身情况的基础上,而不是仅仅在当你开始行动时。人要不断地暗示自己一定会成功,会获得发展、提高,要坚定自己有克服困难不畏困难的信念,绝不要自轻自贱,绝不要把自己视做一个软弱无能的没有任何能力的人。

一位农民每天肩挑柴禾翻山越岭,去集市用柴禾换取一天的口粮钱,并用剩余的钱供儿子上学。儿子放暑假回来,父亲为了培养儿子的吃苦精神,便叫儿子替他挑柴禾上集市去卖。

儿子挺不愿意地挑了两挑,翻山越岭去集市。但肩挑柴禾着实把他给累坏了。挑了两天,儿子挑不动了。父亲没办法,只好叹着气让儿子一边歇着去。天有不测风云,父亲不幸病倒了,这一躺就是半个月起不了床。家里失去了生活的来源,眼看就要断炊了,儿子没办法,挑起了生活的重担,每天天不亮,学着父亲的样子,上山砍柴,然后挑着去集市卖,回来后竟一点也不觉得累。

别说不可能，信念改变人生

"儿子，别累坏了身子！"父亲又喜又爱地看着儿子忙碌的身影说。

儿子停下手中的活儿，对父亲说："父亲，真是奇怪，刚开始你叫我挑柴禾那两天，我挑那么轻的担子觉得特别累，而现在我挑得越来越重，相反倒觉得担子越来越轻了呢？"

父亲赞许地点点头，说道："这一方面是你身体承受能力练出来了，更多的是因为你"长大"了啊！"长大"使你产生了勇挑重担的勇气，当然就觉得担子轻了！"

看看，自信就是在自我认为"行"的基础上建立起来的。人正是通过不断的自我认为"能行"的思想，塑造了成熟的自己，也塑造了周遭的环境。"我能行"的力量以小汇大不断地雕刻、塑造人的品格，不断地让人去追求美好的人生。

所以，在每个地方，在我们自己的思想王国之外，根本就没有什么命运女神。我们是自己的命运女神。我们自己控制、主宰着自己的命运。如果你希望自己成为勇敢、充满豪气的人，你一定要锻炼自己的坚强信念，不让自己成为一个懦夫、一个胆小鬼。

人生下来都是一样的，会害怕，会担忧，会畏难，但如果相信自己"行"，自己"能"，就会克服自身弱点，变成坚强的人，变成自信的人，变成有意志力的人，变成无所不能的人。

人要懂点成功的基本规律

思想决定人生的高度

人生的高度是由思想高度决定的。每个人都有思想，但上升到高度就属难之又难了。当然，何谓思想高度，一百个人有一百个标准。但总体来说，奉献、付出、有远大目标应属思想的高境界。思想高度本身又具竞争力，只有敢想又敢做、敢做又不畏难的人才可能获得成功。有一个小故事正好可以很好地说明这一点。

艾伦·莱恩出生于英国，他17岁进入伯父开办的鲍得利·希德出版社工作。伯父去世后，莱恩继承了伯父的事业。1935年，他出任该出版社董事。这时，出版社已是举步维艰。为了使伯父创办的这项事业不致在自己的手中夭折，莱恩苦苦思索着。有一天，莱恩在一个候车室的书摊旁无目的地闲逛，突然他发现，书摊上除了高价新版书、再版小说和庸俗读物外，几乎没有可看的书。

这一偶然的发现触发了莱恩的灵感，一个大胆的设想猛然浮现在他脑海中："出版价格低廉的平装书，肯定能赚大钱！"

原来，当时英国的新版书都是精装本，价格很贵，普通民众根本买不起，莱恩坚信，价格低廉的平装书肯定会受民众的欢迎。于是，他立即制订了出版廉价系列丛书的计划。莱恩的举措在英国出版界引起了强烈的反响，同行们都说他这不仅是自我毁灭，而且也将会使整个书业界受到严重的影响。但莱恩认定这是他的企业走出困境的唯一生路，他最终说服合伙人，使这项担风险的计划得以实行。

莱恩决定出版的第一套系列丛书包括 10 本，全部采用平装，并缩小规格。与精装书相比，这不但节省了封面制作的成本，而且由于缩小规格而节省了纸张。再加上莱恩决定以购买再版图书重印权的方式出版这 10 本书（许多出版商都愿意以较低的价格将自己的图书再版权出售给莱恩，因为他们认为莱恩这无疑是把钱往水里扔），大大降低了成本费。莱恩把每本书的价钱压到 6 便士，这样，人们只要节省 6 根香烟，就可以购买一本书。

为了吸引读者，莱恩为这套书设计了一个惹人喜爱的标志物，每本书的封面上都绘有一只翘首站立的小企鹅，莱恩为这套书起名为《企鹅丛书》。莱恩还用颜色表示图书的类别。经过一系列的改革尝试，莱恩推出的这套书，令人耳目一新。

《企鹅丛书》出版后，莱恩派人到各地去宣传、推销。不到半年，这套书就销售了过百万册，莱恩成功了。1936 年元旦，企鹅图书公司宣告成立。此后，该公司一直坚持薄利多销为大众服务的原则。企鹅图书公司垄断英国平装书市场 20 多年，在出版界引发了一场革命。艾伦·莱恩也被推崇为英国"平装书革命之父"。

这个故事告诉我们：成功属于有思想高度的人。

当一条路走到尽头，前面被堵死，后面不能回头的时候，我们要做的不是不知所措，而是多思考多寻找达成目标的方式。这个世界没有什么事情是百分百做不到的，不信？让我们再来看看爱迪生是怎么印证思想高度决定一切的道理。

爱迪生相信自己找到了发明留声机的方法，能够用机器录下人类的声音，然后播放出来。于是，他按头脑中的构思画了一张草图，找了一位模具师傅，让他按图制作模型。

模具师傅仔细看了他的草图之后，对他的想法感到很吃惊，说："不可能！这玩意儿根本就不能用！"

"你凭什么说不能用？"爱迪生问。

"因为从来没有听说过哪个人能做会说话的机器。"模具师傅回答道。

"不，你照我的草图试试！"爱迪生坚持说，"照这张草图把模型做出来，如果不能用，我就认输。"

模具师傅照办了。模具完成，第一次测试就成功了，这让那位模具师傅大为惊讶。如果当时爱迪生接受了模具师傅的否定而放弃留声机的试验，那么这一发明成果不知道何时才能问世。

俗语说："成事在人，谋事在天。"只要你相信自己"能"，那么你的生命就已经拥有了一切的"可能"。做一项事业，思想高低是最根本的因素。再好的外在条件没有思想就失去了依托，真正的成功是要靠自己的思想和努力才能达到的。凡是有所成就的人，大凡都经历了众多次彻骨寒，才有后来的成就。成功是一种蝴蝶的蜕变，只有思想破茧而出，才能使一个人去完成他近乎不可能完成的事情。

美国名模辛迪·克劳馥，从小就热爱大自然。读小学时，她课余时间喜欢做的一件事是收集一种棕色蛾的茧。到了春天，克劳馥惊喜地看着小蛾从茧里面挣扎着出来，这些降临的小生命是那样的美丽动人。

别说不可能，信念改变人生

有一次，她不忍心看着一只小蛾从茧里出来时那种因备受折磨而痛苦不堪的样子，她用剪刀把连着小蛾和茧的丝剪断了。她想自己的热心帮助会使受到束缚的小蛾立刻得到解脱，当然是助了小蛾的一臂之力。不料，小蛾出来后没有过多长时间就死去了。

克劳馥心痛得大哭起来，根本没有意识到结果会是如此可怕。

母亲匆匆忙忙地走了过来。在弄清了事情的原委后，她轻轻地拍着女儿的肩膀说："亲爱的，小蛾从茧里面出来时必定是要拼博奋斗，不可能舒舒服服。因为只有这样，它才能使身体里面的废物排除干净。如果让废物留在体内，小蛾就会变得先天不足而活不成。"

克劳馥睁着大眼睛，认真地听着。后来随着阅历的增加，她慢慢地体会到，人也像小蛾一样，离开了努力奋斗，什么都干不成，所以她终生不敢懈怠，成为一代世界名模。

肯于付出就会逐渐不平凡起来。你用什么思想来付出努力，就会有什么样的结果回报你。如果你闯遍了全世界，那么全世界就是属于你的。

卡罗斯·桑塔纳是一位世界级的吉他大师，他出生在墨西哥，7岁的时候他随父母移居美国。由于英语太差，桑塔纳在学校的功课开始是一团糟。

有一天，他的美术老师克努森把他叫到办公室，说："桑塔纳，我翻看了一下你来美国以后的各科成绩，除了'及格'就是'不及格'，真是太糟了。但是你的美术成绩却有很多'优'，我看得出你有绘画的天分，而且我还看得出你是个音乐天才。如果你想成为艺术家，那么我可以带你到旧金山的美术学院去参观，这样你就能知道你所面临的挑战了。"

几天以后，克努森真的把全班同学都带到旧金山美术学院参观。在那里，桑塔纳亲眼看到了别人是如何作画的，深切地感到自己与他们的巨大差距。

克努森先生告诉他说："心不在焉、不求进取的人根本进不了这里。你应该拿出百分之一百一的努力，不管你做什么或想做什么都要这样。"克努森的这句话对桑塔纳影响至深，并成为他的座右铭。2000年，桑塔纳以《超自然》专辑一举获得了8项格莱美音乐大奖。

一个人若想有所成就，努力是必然的。同时还要把思想提升到一个高度上，把眼光放长远，并且不能有片刻松懈。因为往往你一"歇会儿"，别人就赶超到你前面去了。人还要有与时俱进的思想，如果思想落后，人的行动就会缺动力，就会落后于思想先进的人，而思想先进，人就会鼓足了干劲，朝目标不松懈地前行。

人生要有"自信罐"

卡耐基曾说：你有自信你就年轻，总是畏惧你就会年老；你有希望你就年轻，总是绝望你就会年老；岁月虽会使你皮肤起皱，但如果不失去了自信，就损伤不了灵魂。自信，是成功的第一"秘诀"，也只有它，才能给你带来奇迹。

有个叫西格的女人，自从接连生了3个孩子之后，整天烦躁不安。4岁的孩子整日吵闹，19个月大的孩子整夜哭叫，还有一个婴儿需要不断地喂奶……

那一段日子，西格的精神简直快要崩溃了。长期的睡眠不足，使她无法以正常的心态看待周围的世界，也无法正常地看待自己。她甚至怀疑自己天生就"低能"——连几个孩子都照看不好，以后还能做什么呢？

就在这时候，一个叫海伦的朋友托人给她带来了一份礼物。她打开一看，是一个装饰得很漂亮的陶瓷容器，上面还贴着一个标签，上面写着："西格的自信罐，需要时用。"

罐子里装着几十个用浅蓝色纸条卷成的小纸卷，每个小纸卷上都写着送给西格的一句话。西格迫不及待地一个个打开，只见上面分别写着：

上帝微笑着送给我一件宝贵的礼物，她的名字叫"西格"。

我珍惜你的友谊。

我欣赏你的执着，还有你的热情。

我希望住在离你的厨房 100 英尺远的地方。

你很好客，而且贤惠能干。

你有宽广的胸怀和金色美丽的长发。

你是我最愿意陪伴着一起在超级市场转上一整天的那个人。

你做什么事都那么仔细，那么任劳任怨。

我真的相信你能做好任何你想做的事情。

我给你提出两点建议：第一，当你完成一件自己想干的事情，或者得到别人的称赞和肯定的时候，就写一张小纸条放在这个罐里；第二，当你遇到困难和挫折时，或者有点心灰意冷的时候，就从这个小罐里拿出几张纸条来看看……

读到这里，西格被深深地打动了。因为她真切地感到，她正被别人爱着，被别人关心着。困难只是暂时的，自己仍然还是一个很棒的女人。

从那以后，西格把这个"自信罐"放在最醒目的地方，只要遇到挫折和困难，就情不自禁地伸手去摸。

15 年以后，西格当了一所幼儿园的园长，很多家长都愿意把孩子送到她这家幼儿园，因为她的自信激发了孩子们的自信。从这所幼儿园走出去的孩子，每个人都有一个"自信罐"。

生活中，大多数人表现的自信都要大过自己所意识到的。回想一下，其实我们很早就知道要相信自己了。比如，在你呱呱坠地后，你

别说不可能，信念改变人生

尝试迈出人生第一步时，你就相信你能走；比如，在你几次三番啊啊咿咿地说出第一句话之前，你就相信你能说。比如，成长过程中，当你遇到棘手的事物，只要不去考虑事情本身的难度，试着去接触，就会发现，事情其实比想象中容易许多。

古今中外名人，皆是自信心十分强的人。诗仙李白说天生我材必有用；苏联著名作家索洛维契克说一个人只要有自信，那他就能成为他希望成为的那样的人。可见，当一个人自信满满，实力已经具备的时候，做事就很可能获得成功。

玛丽·玫琳凯是一位成功的女性，她是著名"玫琳凯化妆品公司"的缔造者和荣誉董事长，我们来听听她是怎么说的："我明白，真正成功的人都是因为他们的自信、有目标和出色的能力而显得与众不同。我是从磨炼中学到这个道理的。我7岁那年，爸爸从疗养院回来，虽然经过两年的治疗，他的肺结核已经得到了控制，却并未完全治愈。在我的童年时代，他一直就是个身体虚弱、需要照料与爱护的病人。每当我放学回家，总是先清扫屋子，再做自己的功课，我乐在其中。尽管有些家务对于一个孩子来说是勉为其难的，但并没有人来告诉我这一点。所以，我还是照干不误。我相信，我干的活太具有挑战性了。因为，每当母亲指导我干这干那时，总要加上一句：'亲爱的，你做得到'。"

一个人不论才干大小，不论天资高低，只要有坚定的自信心就能做出不平凡的事。

莉儿是个年轻的法裔加拿大女孩，在安大略省加纳德河畔的农业社区中长大。16岁那年，父亲认为"莉儿学得已经够用了"，硬要她辍学挣钱，贴补家用。那是 1922 年，对于一个英语并非母语，而所受的教育和培训又有限的女孩来说，莉儿的未来并不怎么看好。

她的父亲尤金·贝扎尔是个非常严厉的人，几乎不允许孩子说半个"不"字，也从不接受任何辩解。他要莉儿找份工作。然而，因为条件有限，莉儿没有一点自信，她很自卑，不知道自己能干点什么。

虽然就业机会渺茫，可莉儿仍然每天搭公车到温泽或底特律那样的"大城市"去。但是她鼓不起勇气去应聘那些广告上的职位，甚至连敲门的信心都没有。每天她就这样乘车来到市里，在大街上漫无目的地闲逛，逛到傍晚再乘车回家。父亲总是问："今天运气怎么样，莉儿？""今天运气不……不太好，爸。"她嗫嚅着回答。

日子一天天过去，莉儿继续着她的公车旅行，父亲则继续关心着她的工作。每一天，父亲的问题变得越来越严苛，莉儿知道她必须马上敲开一家公司的门。

一天，在底特律市中心的卡哈特服装公司，莉儿看到这样一则招聘告示："招聘文秘，应聘者请进。"莉儿走上了通往卡哈特公司办公室的长长楼梯，生平第一次，她小心翼翼地扣响了一扇陌生的门。接待她的是办公室经理玛格丽特·科斯特洛。莉儿用结结巴巴的英语说对那个秘书职位很感兴趣，并谎称自己已经 19 岁了。玛格丽特知道她说的不全是真话，但还是决定给这个姑娘一次机会。她带莉儿穿过办公区，里面有一排排的人，坐在一排排的打字机、计算机前面，莉儿觉得仿佛有一百双眼睛正盯着自己。这个乡下女孩羞得下巴抵到了胸前，两眼盯着地面，不情愿地跟着玛格丽特来到办公室的后面。

玛格丽特安排她坐到一台打字机前，对她说："莉儿，让我们见

别说不可能，信念改变人生

识一下你的真本事吧。"她给了莉儿一封信让她打出来，随后就走了。莉儿看了看钟，现在是上午 11：40，马上就该吃午饭了。她想应该试试那封信。

第一次，她打了一行，5 个单词她打错了 4 个。她把那张纸抽出来扔掉。时钟指向 11：45。"到了中午，"她自言自语道，"我就和这些人一起出去，然后他们再也不会见到我了。"

第二次，她打了一段，但还是错了很多。她又把那张纸抽出来扔掉，然后重新开始。这次她把信打完了，可还是满篇错误。她看看钟：11：55，再过 5 分钟就解放了。

这时办公室另一端的门开了，玛格丽特走了进来。她径直走到莉儿跟前，一只手放在桌上，另一只手放在莉儿的肩上，读着那封信，然后停下来对莉儿说："莉儿，你做得很棒！"

莉儿几乎不相信自己的耳朵。她看看信，又抬头看看玛格丽特。正是这么简短的一句鼓励话打消了莉儿逃跑退缩的念头，让她鼓起了信心。她想："她觉得我做得很棒，那么我一定是真的做得很棒，我想我会被留下的。"

莉儿确实留了下来，而且一待就是 51 年，其间经历了两次世界大战和一次经济大萧条，历经了数届总统和首相。而她之所以能做到这一切，完全是因为曾经有一个人在当初那个羞怯的小女孩敲门的一刻给了她自尊和自信。

一个人处于自信时，思维能力会非常活跃，精神也会一直保持乐观、积极向上的状态；而一个人处于自卑时，思维反应就会显得迟钝，看上去也精神萎靡，像冬天霜打过的茄子一样，整天都是蔫的。

　　自信为人的梦想插上了飞翔的翅膀，拥有自信意味着拥有了无限的活力。一个人当自信燃烧时，会觉得生活缤纷多彩，生命之树常青；当自信缺乏时，会觉得生活没有意思，甚至索然无味。所以，人只要有自信，就能志气昂扬、精神抖擞，就能觉得生活美好，做事有动力。

任劳任怨才能有所收获

　　20 世纪美国作家安娜·罗伯逊·布朗曾经写过一本书——《什么是生命的价值?》。目前这本书最少印刷了 70 多次。何以薄薄一本小书竟能如此畅销? 如果你有缘看到这本书，书的开头几句话就很扣人心弦:"人只能活一次，谁都想活得充实，尽量体验享受。但是，怎样才能以毕生的精力换取最大的成果呢?"这几句话是作者向我们提出了一个如何获得成功的问题。虽然每个人都有获得成功的机会，但是，结果如何，完全要看一个人的任劳任怨的努力程度了。

　　这就像搞建筑首先应当打图样，筑路不能把材料随地乱铺，雕刻也不能随意拿起石头来乱刻一阵就能成功。做任何事都要先有任劳任怨的准备，敷衍和草率是成就不了事业的。历史上也从未有过这种例子。社会上很少有在年轻时没有打好基础到后来竟能成就一番事业的人。一般成功者能获得美满的果实，都是因为他们在年轻时就播下了辛劳的种子。所以，对于任何事，我们都不要抱着不劳而获的"希望"，而应该脚踏实地一点点地干。

　　有个风华正茂的青年，时常轻视饱经风霜的老人。

　　一天，父子俩同游公园。年轻人顺手摘下一朵鲜花，说道:"爸爸，我们青年人就像这朵鲜花一样，洋溢着生命的活力。你们老年人是垂暮之人，怎么能和我们青年人相比呢？"

父亲听罢，在经过小卖部的时候，顺便买了一包核桃，取了一颗，托在掌心里，说道："孩子，你比喻得不错。如果你是鲜花，我就是这干皱的果实。不过，事实告诉人们：鲜花，喜欢让生命显露在炫目的花瓣上；而果实，却爱把生命凝结在深藏的种子里！"

年轻人不服气："要是没有鲜花，哪儿来的果实呢？"

父亲哈哈大笑："是啊，所有的果实，都曾经是鲜花；然而，却不是所有的鲜花都能够成为果实！"

俗话说："一份耕耘，一份收获。"不去耕耘，怎能有收获呢？人要想取得成功，必须付出更多，才能获得更多。社会中，只有那些肯拼搏的人，才能够成为栋梁之材。

荀子在《劝学篇》里说："蟹八跪而二螯，非蛇蟺之穴无可寄托者，用心躁也"。这说明了全力以赴是一种成功的品质，如果做事三心二意，前怕狼，后怕虎，患得患失，焉有成功的？所以，只有当竭尽全力为事业、为美好生活去付出，这样才有可能获得期望值内的收获。

有一位成就斐然的年轻人，他是一家大酒店的老板。一开始我丝毫没有看出他有什么特殊才能，直到他讲述了自己被提拔的传奇经历之后我才明白了事情的原委。

"几年前，我还是一家路边简陋旅店的临时员工，根本就没有什么发展的前途可言。"他回忆道："一个寒冷的冬天，已经很晚了，我正准备关门。进来一对上了年纪的夫妇。他们正为找不到住处发愁。不巧的是，我们店里也客满了。看到他们又困又乏的样子，我很不忍

别说不可能，信念改变人生

心将他们拒之门外。而且，老板说了，不能拒绝客人的要求。于是我将自己的铺位让给他们，自己一夜没睡在大厅值班。第二天一早，他们坚持按价支付给我个人房费，我拒绝了。本来也就没有什么嘛！"

"那对夫妇临走对我说：'你有足够的能力当一家大酒店的老板。'""开始我觉得这不过是一句客气话，然而没想到一年后，我收到了一封来自纽约的信，正是出自那对夫妇之手，还有一张前往纽约的机票。他们在信中告诉我，他们专门为我建了一座大酒店，邀请我去经营管理。"

看看，年轻人的这一举手之劳，使他获得了一个终生发展事业的机会。

付出多少，得到多少，这是一个基本的规律。虽然也许你的投入无法立刻得到回报，但是我们不要因此气馁，而是要一如既往地努力，因为命运就是这样的奇妙：越是不计较回报的人获得的回报越多，越斤斤计较的人反而一无所获。回报可能会在不经意间出现，也会以出人意料的方式出现。很多人在生活中埋怨付出太多，还有一些人认为自己总是获得太少。这实际上都是一种消极心理，这种人太过于计较，最终干什么都会因为不愿付出或计较而收获甚少，甚至颗粒无收。

中国有句古话：精诚所至，金石为开。只有任劳任怨的人才能有好的未来和发展，因为他们具备了一定的使命感和责任感。

道格拉斯是一家公司新聘请的采购主管，在来到现在所在公司工作之前曾经花了很长的一段时间，学习和研究怎样用最便宜的价钱把货物买进。他来到采购部门后非常勤奋而刻苦地工作，千方百计设法找到供货最便宜的供应商，买进上百种公司急需的货物。为公司节省了许多资金。在他 29 岁那年，他为公司节省的资金已超过 80 万美元。公司的总经理知道了这件事后，马上加了道格拉斯的薪水。道格拉斯在工作上的刻苦努力，博得了总经理的赏识，终于他在 36 岁时成为这家公司的副总经理，年薪超过 10 万美元。

道格拉斯对待工作的踏实与激情、任劳任怨的敬业精神是值得我们每一个人效仿的，他的认真负责、踏实勤勉、一丝不苟是现今很多人的榜样。

总之，人要培养自己任劳任怨的工作态度，因为无论社会如何进步，任劳任怨是成大事的第一步。

你的工作是为自己

很多人都有这样的感觉：自己工作是为了老板、为了公司挣钱，因此能混就混，反正赢亏都是老板的、公司的。还有些人甚至公私不分，拿公司公共用品为私人服务——用公家电话打私人电话，司机用公车办私事，员工用打印机打印网络小说……

努力工作，表面上看是为了老板，为了公司，其实是为了自己。心理学家德西在 1971 年做了一个专门的实验。他让大学生做被试者，在实验室里解有趣的智力难题。实验分为三个阶段：第一个阶段，所有的被试者都无奖励；第二阶段，他将被试者分为两组，实验组的被试者完成一个难题可得到 1 美元的报酬，而控制组的被试者跟第一阶段相同，无报酬；第三阶段，所有被试者可以在原地自由活动，并把他们是否继续去解题作为喜爱这项活动的程度指标。实验组被试者在第二阶段确实十分努力，而在第三阶段继续解题的人数很少，表明他们兴趣与努力的程度在减弱；而控制组被试者有更多的人在继续解题，表明兴趣与努力的程度在增强。

德西在实验中发现：在某些情况下，人们在外在报酬和内在报酬兼得的时候，不但不会增强工作动机，反而会减低工作动机。此时，动机强度会变成两者之差。人们把这种规律称为德西效应。这个结果表明，进行一项活动时，如果只以提供外部的物质奖励作为激励机制，反而会减少这项活动对参与者的吸引力；如果把它当作精神上愉快的活动，则会加大持续的动力。

由此不难看出，为了什么而工作是一个人的事业是否会成功的关键因素。只为了薪酬而工作的人，内在动力并不大。但为了自己而工作，即使是不增加报酬，但是其内心的动力也在发挥着作用，也会热爱自己的工作。

几年前，美国著名心理学博士艾尔森曾对世界 100 名各个领域中杰出的人士做了问卷调查，结果让他十分惊讶——其中 61 名杰出人士承认，他们所从事的职业，并不是他们内心最喜欢做的，至少不是他们心目中最理想的。但这些杰出人士竟然在自己并非喜欢的领域里取得了种种辉煌的业绩，那么，除了聪颖和勤奋之外，他们究竟靠的是什么呢？带着这样的疑问，艾尔森博士又走访了多位商界英才。其中纽约证券公司贝尔的经历，为他寻找满意的答案提供了有益的启示。

贝尔出生于一个音乐世家，她从小就受到了很好的音乐启蒙教育，她非常喜欢音乐，期望自己的一生能够驰骋在音乐的广阔天地，但她阴差阳错地考进了大学的管理系。贝尔尽管不喜欢这一专业，可还是学得格外刻苦，每学期各科成绩均是优异。毕业时被保送到美国麻省理工学院，攻读当时许多学生可望而不可即的 MBA，后来，她又以优异的成绩拿到了经济管理专业的博士学位。如今她已是美国证券业界的风云人物，她在被艾尔森调查时依然心存遗憾地说："老实说，至今为止，我仍不喜欢自己所从事的工作。如果能够让我重新选

别说不可能，信念改变人生

择，我会毫不犹豫地选择音乐。但我知道那只能是一个美好的'假如'了，如今我只能把手头的工作做好……"

艾尔森博士直截了当地问她："既然你不喜欢你的专业，为何你学得那么棒？既然你不喜欢眼下的工作，为何你又做得那么优秀？"

贝尔的眼里闪着自信，她十分明确地回答："因为我在那个位置上，那里有我应尽的职责，我必须认真对待。这一切不是为了别人，而是为了我自己。不管喜欢不喜欢，工作努力都是人的责任，任何人都没有理由草草应付，都必须尽心尽力，尽职尽责，因为那不仅是对工作负责，也是对自己负责。"

艾尔森在以后的继续走访中，发现许多的成功人士之所以能出类拔萃，与贝尔的思考大致相同——既把工作当作一种不可推卸的责任担在肩头，全身心地投入其中。他们正是在这种"在其位，谋其政，尽其责，成其事"的高度责任感的驱使下，才取得了令人瞩目的成功。

艾尔森博士的调查说明，只要明白工作是为了自己，即会产生高度的责任感，即使在自己并非最喜欢和最理想的工作岗位上，也可以创造出非凡的奇迹。

有位年事已高的僧人，不因岁数已高仍旧毫不间断地天天早起工作，在晨曦中晾晒菜干。

有一位信众问他："师父您年纪多大了？"

"79 岁了。"

"那早该享享清福了，为什么还要让自己这么累呢？"

老僧人说："因为，我仍然存在。"

"那也不一定非要干活啊。"

"因为太阳也存在，人只要把生活当作是自己的，干什么才都会开心。"

可见，抱着一切都是为自己的想法去生活去工作的人，不会感觉疲累，更不会抱怨什么，因为他的精神上的获得是实实在在的，并且他能乐在其中。这样的人即使遇到了不公正的待遇，也不至于激愤、埋怨，自乱阵脚，反而能平心静气的想办法，寻求可能的改变；这样的人即使不能得到物质上的大回报，心里也不会有太大的落差，更不会因此就一蹶不振，丧失对工作的激情。对自己负责任的人，不仅不会选择逃避，反而会采取主动去承担的方式，而对于获益颇丰的好事，也不会喜形于色，或逐利时不择手段。因为他们明白，一切都是为了自己，无论工作、生存，攀比没有任何意义，计较也是于事无补，只有尽最大努力才能取得好成绩。

开拓人生的宽度

虽然现实生活中，有些人的内心希望自己眼前的路是宽阔长远的，但又总是在不知不觉中将自己引入狭窄的小巷；还有些人为利益和欲望所驱使，本有着广阔的前景却让自己走着走着竟走入尴尬不堪的境地。如果把人生看作一条大道，我们不能只是不遗余力的追求它的长度，而应该更积极开拓它的宽度，这样的人生之路才会坦荡。卡耐基说："我们多数人的毛病是，当前方出现很多岔道时，我们依然兀自闭着眼睛冲奔向前，很少人能够真正找到"自己的路"，甚至在绊倒时，还不能觉醒。"

很多小孩子都喜欢玩纸上走迷宫的游戏，一开始用圆珠笔，发现走错了却擦不掉很麻烦，就换成了铅笔。有时候遇到比较复杂的迷宫格，也要擦了改，改了擦，反反复复好几遍才能找到出口。当然人生的迷宫没有铅笔只有圆珠笔，因为人生的路是无法朝令夕改的。

人生的旅途上往往会面临许多的分岔口，与其盲目的前行，不如在岔口前停下来想一想，哪条路才是自己要寻找的道路，走哪个方向才能更快接近成功。想清楚这些问题了，自然就知道自己前进的方向了。

1935 年 4 月，罗斯经营了五年多的化肥厂宣布停产，公司的倒闭对于罗斯来说打击太大了。

这时他已经48岁了，拖着两条像灌满了铅的腿，垂头丧气地回到了家里，突然有许多从未想过的问题——关于生命、金钱、人生的价值，还有活着的意义，一时间塞满了罗斯的整个思绪。但是，他并没有怨天尤人，而是选择了艰难的重新生活。

为了还债和生活，罗斯背上空空的行囊踏上了前往阿拉斯加的路途。当罗斯来到人潮汹涌的码头时，被眼前的景象惊呆了：不要说劳务市场里人山人海，就连附近一些还未竣工的楼房里，都东倒西歪地躺满了没找到活的民工，看到这些衣衫褴褛的落魄民工，谁都会禁不住倒吸一口凉气。

尽快找到一份工作，这是罗斯惟一的愿望。然而当时正值生产的淡季，绝大部分工厂不招工，奔波了数天的罗斯一无所获。由于兜里的钱有限，他不得不离开了那家一个晚上15美元租金的小旅馆。当时路宿街头是十分危险的，在昏黄的灯光下，罗斯终于在一个立交桥下的桥洞里找到了住处。为了生存，罗斯开始了捡垃圾的工作。一分汗水一分收获，罗斯平均每天可以挣60美元左右。可是，随着"拾荒队伍"不断地扩大，"货源"一天一天地减少，有时挑着担子跑了几十里路，收获却寥寥无几。

这时，已有1万美元的罗斯发现街头有几家俄罗斯人烤羊肉串小摊，便也照葫芦画瓢地干了起来。

刚开始时，罗斯的生意不如那些俄罗斯人好，但他肯动脑筋，知道顾客对餐饮最关心的就是卫生。所以，他把自己的衣服洗得干干净净，烧烤用具擦得锃光瓦亮，盘子里的羊肉串摆得整整齐齐。这一招很有效，人们开始涌向罗斯的烧烤摊。此后，他又在质量上下功夫，

别说不可能，信念改变人生

不仅向同行学习，还向顾客请教，结果罗斯烤出的羊肉串，清洁卫生，香气扑鼻。后来，罗斯的摊位由 1 个增到 2 个、3 个……随着规模的不断扩大，他的烧烤店成了阿拉斯加街头颇有影响的烧烤点，最后他创办了罗斯羊肉食品公司。

老子曾经说过："胜人者力，胜己者强。"也就是说，能战胜别人的人只要有力量就可做到，而能战胜自我、超越自我的人才是真正的强者。

美国著名影星史泰龙的父亲是一个赌徒，母亲是一个酒鬼。如此家庭环境，的确没有办法给他创造好的环境。高中辍学后，他便在街头当小混混。直到他 20 岁的时候，一件偶然的事情刺激了他，使他醒悟反思："不能，我绝不能这样做。如果这样下去，我和父母岂不是有一样的将来吗？我成为社会的垃圾，人类的渣滓。不行，我一定要改变！"

史泰龙下定决心，要走一条与父母迥然不同的路，活出个人样来。但是要从哪里开始努力呢？从政，经商？……他想到了当演员——当演员不需要过去的清名，不需要文凭，更不需要本钱，如果一旦成功，却能名利双收。可是他似乎又不具备演员的条件，比如说长相就难以过关，又没接受过专业训练，没有经验，也无"天赋"的迹象。然而，"一定要成功"的驱动力，促使他认为，这是他今生今世唯一出头的机会，唯一成功的可能。于是，他来到好莱坞，找明星、找导演，向一切可能使他成为演员的人请求。他一次又一次被拒绝了，但他并不气馁，也不放弃任何可以去争取的机会，可是不幸得很，两年的时间他遭受到 1000 多次拒绝。他曾独自一人失声痛哭。

后来他想，既然不能直接成功，能否换一个方法。他想出了一个"迂回前进"的思路：先写剧本，待剧本被导演看中后，再要求当演员。由于他已在好莱坞两年了，他已经不是刚来时的门外汉了：两年多耳濡目染，他自认为具备了写电影剧本的基础知识。

一年后，剧本写出来了，他又拿去遍访各位导演，"这个剧本怎么样，让我当男主角吧！"

普遍的反映都是剧本还可以，但让他当男主角，简直是天大的玩笑。他再一次被拒绝了。

史泰龙遇此打击，没有退缩，他不断对自己说："我一定要成功，也许下次就行！"于是，他继续走访导演，终于在他一共遭到1300多次拒绝后的一天，一个曾拒绝过他20多次的导演对他说："我不知道你能否演好，但我被你的精神所感动。我可以给你一次机会，但我要把你的剧本改成电视连续剧，同时，先拍一集，就让你当男主角，看看效果再说。如果效果不好，你便从此断绝这个念头吧！"机会来之不易，史泰龙不敢有丝毫懈怠，他全身心投入。老天幸人，第一集电视剧创下了当时全美最高收视纪录——史泰龙成功了！

史泰龙的意志、恒心与持久力都是令人惊叹的。史泰龙是一个行动家。如果史泰龙当初只是"想成功"，做明星梦，不行动，或遇困难不坚持信念，他就绝不会有今天。因为不付出，不拼命，天上不会掉馅饼。

现今，很多人并不缺少智慧，也不缺少梦想和计划，缺少的是积极的行动观念，倘若人人都能雷厉风行的去追求自己想要的，并有一做到底的恒心，那么想不成功都难。

别说不可能，信念改变人生

事实证明，一个人的成功只能是做出来的，不可能是等出来的，想成功就没有任何等待的理由。与其任凭光阴虚度，不如趁早为自己定下一个目标，实实在在的、积极主动地为之奋斗一番。正所谓世上没有做不成的事，只有做不成事的人。人生旅途中，我们最需要的是少说多做，苦干巧干。

多做一点小事

世界上有许多事等待人们去做，有大事，也有小事。很多人不屑于做小事，这是不对的。就像假如你做不了太阳，那就做一颗星星吧！但要尽量使自己明亮。假如你不能成为一棵大树，那就做一棵小树吧！小树经历风雨后终究也会长成一棵大树。大事小事对人都重要，看不起小事的人往往也做不成大事。

1983 年，伯森·汉姆徒手登上纽约帝国大厦，在创造了吉尼斯纪录的同时，也赢得了"蜘蛛人"的称号。美国恐高症康复协会得知这一消息，致电"蜘蛛人"汉姆，打算聘请他做康复协会的心理顾问，因为在美国，有数万人患有恐高症，他们被这种疾病困扰着，有的甚至不敢站在椅子上换一只灯泡。

伯森·汉姆接到聘书，打电话给协会主席诺曼斯，让他查一查他们协会里的第 1042 号会员情况。这位会员的资料很快被调了出来，他的名字叫伯森·汉姆，就是"蜘蛛人"自己。原来，这位创造了吉尼斯纪录的高楼攀登者，也曾是一位恐高症患者。

诺曼斯对此大为惊讶。一个站在一楼阳台上都心跳加快的人，竟然能徒手攀上 400 多米高的大楼，这确实是个令人费解的谜，他决定亲自去拜访一下伯森·汉姆。

别说不可能，信念改变人生

诺曼斯来到费城效外汉姆的住所。这儿正在举行一个庆祝会，十几名记者正围着一位老太太拍照采访。原来伯森·汉姆94岁的曾祖母听说汉姆创造了吉尼斯纪录，特意从100公里外的葛拉斯堡罗徒步赶来，她想以这一行动，为汉姆的纪录添彩。谁知这一异想天开的想法，无意间竟创造了一个百岁老人徒步百里的世界纪录。

《纽约时报》的一位记者问伯森·汉姆的曾祖母："当你打算徒步而来的时候，你是否因年龄关系而动摇过？"老太太精神矍铄，朗朗地笑着说："小伙子，打算一气跑100公里也许需要勇气，但是走一步路是不需要勇气的，只要你走一步，接着再走一步。然后一步接一步，100公里也就走完了。"

诺曼斯问伯森·汉姆："你的诀窍是什么？"伯森·汉姆看着自己的曾祖母说："我和曾祖母一样，虽然我害怕400多米高的大厦，但我并不恐惧一步的高度。所以，今天我战胜的只是无数个'一步'而已。"

我们也许没有能力一次就取得一个大成功，但我们可以积累无数个小成功。一个小成功并不能改变什么，但无数的小成功加起来就可以让我们成为巨人。困难只能吓倒懒汉懦夫，而胜利永远属于攀登高峰的人们。

老子说："天下难事，必做于易；天下大事，必做于细。"在美国著名的西点军校里，细节的重要在西点人的头脑里简直就是关键因素，可谓"成也细节，败也细节"。很多时候，一件看起来微不足道的小事，或者一个毫不起眼的变化，却能改变一场战争的胜负。西点军校要求每一位军官和学员始终保持高度的行动力和责任心，始终具有清醒的头脑和敏锐的判断力，能够对即时出现的每一个变化每一件小事都能迅速做出准确的反应和判断。

在我们的日常工作中，那些看似烦琐、不足挂齿的小事情比比皆是，但如果你对这些小事轻视怠慢，敷衍了事，到最后就会因"一着不慎"而导致"全盘皆输"。所以，每个人在处理小事时，一定要引起足够的重视。天下之事，无论大事小事一定要做于细，才能把事情做完美。所以，要想把每一件事情做到无懈可击，就必须从细节做起，点滴中付出最大的热情和努力。

一个士兵每天做的工作就是队列训练、战术操练、巡逻排查、擦拭枪械等小事；一个饭店的服务员每天所做的工作就是对顾客微笑、回答顾客的提问、整理清扫房间、细心服务等小事；一个公司中的职员每天所做的事可能就是接听电话、整理文件、绘制图表之类的小事。但他们如果能很好地完成自己的这些"小事"，没准儿将来就可能成为军队中的将领、饭店的总经理、公司的老总；反之，如果看不起小事，对小事感到乏味、厌倦不已，做这些提不起精神，或者敷衍应付差事，勉强应对工作，那么就是现在的位置也会岌岌可危。所以，不具备做好"小事"的态度和能力，那么几乎是不可能做好大事的。

在小事上不能胜任，何谈在大事上有所成就？

有一个关于古希腊著名先哲苏格拉底和其名徒柏拉图的故事，说明了做与不做之间的巨大差别，也使善于做"小事"可以成就"大事"这个观点更具说服力。

一次，苏格拉底在课堂上，对他的学生们说："今后大家只要做

别说不可能，信念改变人生

一件事就行，你们每个人尽量把胳膊往前甩，然后再往后甩"。说着，他先给大家作了一次示范。接着他又说道："从今天开始算起，大家每天做300下，大家能做到吗？"学生们都自得地笑了，心想：这么简单的事，谁会做不到？一年过去了，一次，苏格拉底在讲台上突然询问大家的完成情况时，全班大多数人都放弃了，而只有一个学生举起手告诉老师他一直坚持着做了下来。这个人就是后来与其师齐名的古希腊大哲学家柏拉图。

成功是由许多的小事和"细节"累积而成的。有句话说：人们通常不会被大石头绊倒，却会因小石子而磨脚。

在很多时候，一个人的成败取决于那些不为人知的细节、小事，更多时候"细节"、"小事"具有决定性的力量。完美地成就"细节"、"小事"体现着一个人严谨的作风和端正的态度；完美地做成"小事"体现着一个人永不懈怠的处世风格，这都是一个人积极、实干和优秀的象征。

一个星期六的下午，一位律师走进来问史密斯，哪儿能找到一位速记员来帮忙。史密斯告诉他，公司所有速记员都去观看球赛了，如果晚来五分钟，自己也会走。但史密斯同时表示自己愿意留下来帮助他。

做完工作后，律师问史密斯应该付他多少钱。史密斯开玩笑地回答："哦，既然是你的工作，那么付1000美元吧。如果是别人的工作，我是不会收取任何费用的。"律师笑了笑，向史密斯表示谢意。史密斯的回答不过是一个玩笑，并没有真正想得到1000美元。但出乎意料，那位律师竟然真的这样做了。几个月之后，律师找到了史密斯，交给他 1000 美元，并且邀请他到自己公司工作，薪水比他原来公司的薪水高出 1000 多美元。

只是一个周六的下午，史密斯放弃了自己喜欢的球赛，多做了一点事情，就为自己带来了一项比以前更重要、收入更高的工作。这是一段多么让人羡慕的经历。

小事有时太小，很多人看不起，也不会因此坚持，尤其是当挫折等逆境到来时，人往往会更加不屑于小事、细节。

哈里在美国海岸警卫队服役的时候就爱上了创作，但不知为什么，他总不能写出令他满意的作品。哈里认为，他必须先有了灵感才能写作。所以，他每天都必须等待"灵感来了"，才坐在打字机前开始工作。

不言而喻，要具备这个理想的条件并不容易，因此，哈里很难感到自己有创作的欲望和灵感，这使他更为情绪不振，也越发写不出好的作品。

每当哈里想要写作的时候，他的脑子就变得一片空白，这种情况使他感到害怕。为了避免瞪着白纸发呆，他就干脆离开打字机。比如，他去收拾一下花园，打扫一下卫生间，或者去刮刮胡子。

但是，对于哈里来说，这些做法还是无助于他在白纸上写出文章来。后来，他偶尔听了作家奥茨的写作经验，觉得深受启发。奥茨说："对于'灵感'这种东西，你千万不能依赖它，从一定意义上来说，写作本身也可以产生灵感。有时，我感到疲惫不堪、精神全无时，连 5 分钟也坚持不住。但我仍然强迫自己写下去，最终不知不觉地在写作的过程中，情况变了样。"

别说不可能，信念改变人生

哈里认识到，要实现自己的目标，必须制订一个计划，于是他把起床的闹钟定在每天早晨7点半，到了8点钟，他便可以坐在打字机前。他的任务就是坐在那里，一直坐到他在纸上写出东西为止。如果写不出来，哪怕坐一整天，也绝不去做其他事。他还订了一个奖惩办法：每天写完一页纸才能吃早饭。

第一天，哈里忧心忡忡，直到下午两点钟他才打完一页纸。第二天，哈里有了很大进步，坐在打字机前不到两小时，就打完了一页纸，较早地吃上了早饭。第三天，他很快就打完了一页纸，接着他连续打了5页纸，这才想起吃早饭的事情。

在经过了长达12年的努力，哈里的作品终于问世了。这本仅在美国就发行了160万册精装本和370万册平装本的长篇小说，就是我们今天读到的经典名著——《根》，哈里因此获得了美国著名的"普利策奖"。

历史证明，做好任何事情人都必须付出艰辛，随心所欲干事情是成功不了的，人不仅不能怕困难，而且要有在遇到挫折时不轻易放弃的信念。

许多人没有成功，只是因为太容易放纵自己。现实中，特别是对身在职场的人来说，把每一件简单的事做好就是不简单；把每一件平凡的事做好就是不平凡。

1950年，美国企业管理学家戴明博士被占领日本的美军司令麦克阿瑟将军举荐给了日本企业界，向日本企业家传授企业管理的"福音"。这个在本国不太受重视的人在日本却大受欢迎，被日本松下、索尼以及本田等众多企业和企业家奉为管理神明。在他的影响下，日本这个一无资源、二无市场、三无创新技术的小国在战后奇迹般地崛起了，成为举世瞩目的经济强国。为表彰戴明博士为日本经济腾飞做出的杰出贡献，日本天皇授予他"神圣财富"勋章。

日本经济的迅速发展使美国企业感到了前所未有的压力。

为什么日本人行而我们不行？为解开谜题，美国人找到了戴明，向他发问：你究竟交给日本人什么"秘诀"，使日本的工业这么快崛起？戴明说："我只是告诉日本人，做好细节和小事，每天进步1％。"

戴明的回答是一个再普通不过的答案。但正是"做好细节、小事，每天进步1％"，造就了日本经济腾飞的奇迹。

世界上任何事皆是由小至大，由细至巨组成的。小事不愿做，细节做不完美，大事就会变成空想。集腋成裘说明要成功，必须从小事、细节做起。当然，立大志，干大事，精神固然可嘉，但只有脚踏实地从小事做起，从点滴做起，才能养成做大事所需要的严密周到的作风。人千万要以认真的态度做好每一件小事，以负责任的心对待每一个细节，这样，付出的是努力，得到的却是整个世界！

学会从失败中获得经验

不成功或失败在凡人眼中是件令人颜面尽扫的事情。但在成功者眼中却是他的好兄弟。不把不成功当回事，不把失败当作失败，这是强者的信念，因为不成功也好，失败也罢，都不过是一种人生尝试，一段普通的人生经历而已。

我们的字典里应该允许有"不成功"，也应该允许有"失败"，不成功和失败，都是做事的常态，都能够成为事物转变的切入点，也是发现自身缺点、进一步改正问题的时机。人应该抱着"宁愿因努力尝试而挫败，也不愿庸庸碌碌虚度光阴"的态度去生活。

很早以前，有一群土著人被入侵者追赶，土著人逃到了某个地方，他们的处境十分危险。由于情况危急，首领便把所有的人召集起来。他说："有些事我必须告知大家，我们的处境看起来很不妙，我这里有一个好消息，也有一个坏消息。"众人立刻起了一阵骚动。首领说："首先我要告诉你们坏消息，"所有的人都紧张地站着，神色惶恐地等待着首领的话，他说："除了水牛的饲料以外，我们已经没有什么东西可吃了。"大家开始你一言我一语地谈论起来，到处发出"可怕啊"、"我们可怎么办"的声音。突然有一个人发问道："那么好消息又是什么呢？"首领回答说："那就是我们还存有很多的水牛饲料。"

这是一个智慧而略有些幽默的首领，即使是在极端的困境中依然保持着泰然豁达的心性，他所看到的仍是生的希望。所以，一个在厄运面前不会绝望的人，注定是一个永远不会被生活打垮的人。事实上，很多人的"所谓"不成功，或者失败，最后并不是败给了他人、环境，而是败给了悲观的自己，还有些人什么都没有去做，就先败下阵来。

在爱迪生一生中发明的 1000 多件新产品里，每一个新发明的诞生，都经历过无数次失败。比如，在灯丝的试验过程中，他不成功有 8000 多次，但他仍然乐观的说："不成功也是我所需要的，8000 次不成功，起码使我知道了有 8000 个办法行不通。"由此可见，不成功，不代表成功不会到来。任何事情，不成功与成功总是结伴而行。所以，不成功出现了，不要气馁，因为成功快要来到了。

在人生的旅途中，谁都有可能遭遇不成功。所不同的是，有的人遇到不成功后就迅速退缩，有的人却不达目的誓不罢休。所以，即使你不成功了 99 次，只要有 1 次成功就够了。但如果你总是惧怕不成功，就只能永远生活在失败的阴影中不可自拔。

公元 14 世纪，一位战无不胜的将军被强大的敌人打得溃不成军，将军也被迫躲进一个废弃不用的马槽里躲避敌人的搜捕。就在他万般失落时，他看到一只蚂蚁努力地扛着一粒玉米，试图爬上垂直的"墙"。蚂蚁当然不知道将军的事情，但将军的目光和心智却被它吸引了。那粒玉米的重量不知是蚂蚁体重的多少倍，也许不亚于人去托起一头大象吧？第一次，玉米粒被蚂蚁稍稍顶起很快又掉下来。蚂蚁似乎连一丝的犹豫也没有，接着就开始了再次的努力。将军屏气静神地

别说不可能，信念改变人生

注视着蚂蚁的一切。两次，三次，四次……每次玉米粒都被蚂蚁顶上，最后又掉了下来。当这位将军数到第99次时，将军想：蚂蚁不可能成功了，99次的失败就是证明。恰在这时，奇迹出现了，在第100次的时候蚂蚁终于把那粒玉米推过了"墙头"。将军被感动了，他大叫一声跳了起来。他从这只蚂蚁的身上，找回了失落的信心。

正像故事中所说的即使失败了99次，只要有一次成功了，就是人生的胜利。那位将军后来鼓舞士气，重整军队把敌人打得落花流水。他的帝国版图也从黑河之滨一直伸展到恒河。

"失败是成功之母"，关键看你怎样认识失败。无论什么时间、什么地点、什么人、做什么事情，失败、成功都是如影随形的。世上每一个人都是经历了摔跤才学会走和跑的，如果怕摔跤，人永远处于半瘫痪的状态，这绝对不是耸人听闻。

小孩子小时候，像小尾巴一样跟在家长身后，若不慎摔倒了，大人们的反应一般不会立刻去扶，而是鼓励说："没事的，自己起来。"这时候，小孩子反应可是千奇百怪了：或哇哇大哭，或一发不可收拾；或听话站起来；或一下不想动了，只等大人抱起来或背起来。很多孩子在长大后，遇到挫折也会出现"被摔"的各种现象，只有少数人是坚韧不拔朝着目标前行，他们承认失败只是暂时的，他们最终依靠顽强的精神使失败转化为胜利。

有"生命的艺术长廊"之称的美国百老汇以神秘性和创造力，吸引着世界各地的人来此，寻求声誉、财产、权力和爱情。每隔一段时间，在寻求者的队伍中就会有人脱颖而出，于是世界上就传说又有一个人征服了百老汇。但百老汇岂是轻易能够被征服的。所谓"征服者"肯定有在"征服"过程中一次次的跌倒后重新站起来继续奋进，最终取得财富、名利的回报。不信，试看芬妮·赫斯特的故事。

芬妮·赫斯特于 1915 年来到纽约，想依靠写作来积累财富。但这个过程很漫长，整整耗费了她这 4 年的时间。在这 4 年里，她白天用来打短工，晚上到百老汇找机会耕耘希望。在希望黯淡时，她没有说："好啊，百老汇，你胜利了。"而是说："好的，百老汇，你可以击败某些人，但却不能击败我，我会使你认输的。"

在她的第一篇稿子发表前，她曾收到过 36 张退稿单。普通的人在接到第一张退稿单时，便会放弃写作了，而她却坚持了 4 年之久，决心一定要成为作家。4 年后，赫斯特成功了。从此以后，出版商纷纷登门求稿。接着电影界也发现了她，从此辉煌的成就就如洪水似的滚滚而来。

任何一个人只要不惧怕失败，顽强拼搏，在最艰难的时候不灰心丧气，并能不断地在失败中认真总结教训迎难而上，化平庸为动力，就能成功。

人的一生，一定要把失败当成人生的必修功课，如果你这样做了，就会发现，任何的失败都有两面性，都会给人带来一些意想不到的收获。

而成功者的可贵之处就在于"跌倒"之后有所领悟，而不是莫名其妙地爬起来一味盲目"冲杀"，或轻易放弃。他们会把这些挫折和暂时性的失利当成一种特殊的"提醒"，振作精神，调整方向，大步前进。

每个人都会面临各种挑战，各种机会，各种挫折，成功之路不是

别说不可能，信念改变人生

一个海港，而是一次埋伏着许多危险的旅程。成功永远属于不怕失败的人。人倘若能把每一次的失败都看成一种经历，那么失败就没有什么大不了的。

懂得分享，善于合作

人从出生到死亡，自始至终都生活在社会这个大环境里，任何一个人都是社会不可分割的一部分，都不可能脱离社会而单独存在。但每个人来到世间，都会有追求、理想以及随之产生的快乐、痛苦，这些不仅需要发现、分享、排解，同时也要正确对待。

有人和上帝讨论天堂和地狱的问题。上帝对他说："来吧！我让你看看什么是地狱。"

他们走进一个房间。一群人围着一大锅肉汤，但每个人看上去都是一脸饿相，瘦骨伶仃。他们每个人都有一只可以够到锅里的汤勺，但汤勺的柄比他们的手臂还长，他们没法把汤送进自己嘴里。有肉汤却喝不到肚子里。只能望"汤"兴叹，无可奈何。

"来吧！我再让你看看天堂。"上帝把这个人领到另一个房间。这里的一切和刚才那个房间没什么不同，一锅汤、一群人、一样的长柄汤勺，但大家都身宽体胖，正在快乐地唱着歌。

这个人不解地问，"为什么地狱的人喝不到肉汤，而天堂的人却能喝到？"

上帝微笑着说："很简单，在这儿，他们都会喂别人。"

别说不可能，信念改变人生

没有一个人可以不依靠别人而独立生活，先主动伸出友谊的手帮助他人的人，会发现原来四周有这么多的朋友。朋友看似可有可无，但要想在生命的道路上走得好，真的需要和其他的个体互相扶持，一起共同成长。

快乐是生活的赐予，我们谁都可以拥有；快乐不用花钱购买，但也不是俯拾皆是。一个人快乐与否，不在于物质上的拥有，而在于你自己用什么样的心态去看待它，你自己怎样去寻找、经营它。一份好心情，不仅可以改变自己，还能感染别人。一份快乐若与人分享，不仅感染了别人，还收获了双倍的幸福感，另外，由此带来的幸福附加值亦不可估量，快乐的人大多会成为受人欢迎的人。

英国《太阳报》曾以"什么样的人最快乐"为题，举办了一次有奖征答活动，最终，从应征的8万多封来信中评出五个最佳答案：

（1）作品完成后，吹着口哨欣赏自己作品的艺术家；

（2）正在用沙子盖房子的孩子；

（3）为婴儿洗澡的母亲；

（4）实施手术挽救了危重病人的外科医生；

（5）懂得分享的人。

第一个答案中表明，要学会快乐，必须有一份追求；第二个答案表明，要学会快乐，必须学会想象，对未来充满希望；第三个答案表明，要学会快乐，一定要心中有爱；第四个答案表明，要学会快乐，必须有助人为乐的心和懂得付出的心。第五个答案表明，要学会快乐，必须将快乐两倍、三倍、甚至无止境地传递下去，才会有"众乐乐"的美妙感受。

人拥有的快乐里一般都会有他人给予的快乐，或者在他人的帮助下获得的快乐，所以当自己获得一份快乐的时候，饮水当思源，应该很自然地想到与他人去分享、传播，长此以往，快乐就可以良性循环的发展下去，而因此带来的积极乐观的心态也会随着循环发展下去。

快乐是可以分享的，就像你分给别人的东西越多，你获得的东西就会越多。你把幸福分给别人，你的幸福就会更多。同样，你把痛苦和不幸"分给"别人，你的痛苦和不幸就像会减少，相应地，还会获得他人的同情和援助。生活中如果整天愁眉苦脸地待人，那别人也会以同样的面孔对你，你看到的是更多的愁容；相反，如果你以笑脸常相迎对他人，你会看到更多的笑脸，你的快乐心情也会加倍了。

从前有个国王，非常疼爱他的儿子，总是想方设法满足儿子的一切要求。可即使这样，他的儿子依旧整天眉头紧锁，面带愁容。于是国王便悬赏找寻能给他儿子带来快乐的能士。

有一天，一个大魔术师来到王宫，对国王说有办法让王子快乐。国王很高兴地对他说："如果你能让王子快乐，我可以答应你的一切要求。"

魔术师把王子带入一间密室中，用一种白色的东西在一张纸上写了些什么交给王子，让王子走入一间暗室，然后燃起蜡烛，注视着纸上的一切变化，快乐的处方就会在纸上显现出来。王子遵照魔术师的吩咐而行，当他燃起蜡烛后，在烛光的映照下，他看见纸上那白色的字迹化作美丽的绿色字体："每天为别人做一件善事！"王子按照这一处方，每天做一件好事，当他看见别人微笑着向他道谢时，他开心极了。就这样，王子一天比一天快乐，最终成了全国最快乐最幸福的人。

生活是个万花筒，有时快乐幸福中不免长出几棵忧郁、烦恼的花，破坏好心情。但懂得分享的人，不仅不会被忧郁烦恼破坏心情，相反由于时时快乐，心胸开阔，快乐的机会也会有很多。

一位名叫琳达的女孩在位于芝加哥的餐馆兼杂货店里忙碌着。就在两天前，大海啸袭击了她的祖国斯里兰卡，带来了毁灭性的打击。琳达除了要回答顾客们对她斯里兰卡老家亲人的关切和问讯外，她还忙着接受当地好心人捐助的衣物。尽管餐馆外面没有张贴为海啸幸存者募捐的告示，但是人们仍然自发地各尽所能，把援助物资送到琳达手中。在前来捐献的络绎不绝的人群中，琳达注意到一个妇人静静地站在一旁。她穿着黑色的棉袄，领口别着两个小巧的树袋熊胸针，看上去有60多岁了。当她们目光相遇时，妇人飞快地走上前，把一个信封塞进琳达手里，告诉琳达里面的东西是送给斯里兰卡灾民的。琳达打开信封的时候，她看上去十分激动不安并意欲离开。信封里面装着的是一捆50澳元面值的钞票，琳达请妇人稍等，以便为她开具一张收条。妇人正犹豫的当儿，琳达已端来一杯冷饮，并请她到餐馆里坐下，然后开始数那些钱。啊！整整1500澳元！

当琳达告诉妇人自己不知道该不该一下子收她这么多钱的时候，妇人忍不住哭了，并向她讲起了自己的经历。她说当她听说海啸给斯里兰卡人民带来的巨大灾难时，她感到既害怕又难过。"您为什么要把这些钱送到我这儿来呢？何不送到那些有名的慈善组织去？"琳达问。"因为你来自斯里兰卡。"妇人答道，"我相信你，知道你一定会用捐赠来帮助你祖国的人民，我知道你是一个好心人。"然后她说在几个月前当她路过这家餐馆时是如何被饭菜的香味吸引到里边来的。"当时你告诉我那香味是烹饪斯里兰卡菜肴时散发出的，你还热情地邀请我在这里品尝斯里兰卡美食。"妇人娓娓道来，"当时我身上的钱不够吃一顿饭，在我拒绝你的邀请的时候，你已经用饭盒给我盛满了饭菜，并且分文不取。这就是我知道你是一个好人的原因。"说完，妇人脱下自己的棉袄连同一个装满小饰品的火柴盒一起交给了琳达，说也捐给海啸灾民。琳达已经不记得有妇人所说的那回事了，但是她牢牢地记着父母曾告诉她的一个古老的习俗。在大多数斯里兰卡的乡村里，家家户户都保留着这样一个习惯：在做饭的时候，多下一些米在锅里。这样，风尘仆仆的过路人在吃饭的时间进门歇歇脚不至于饿着肚子离开。琳达没想到自己不经意间一个好客的举动竟然为斯里兰卡的灾民赢得了一个遮风挡雨之所，她决定用妇人捐的那些钱为一户在海啸袭击时变得一无所有的人家建一间房子。

梭罗说过一句话："独自一个人走，今天就能出发，和另一个人同行，就要等他准备好。"是否善于与别人合作，可以区分出一个人是不是可成大事的人。善于与人合作的人常有以下几个方面的特点：

（1）懂得付出，乐于分享。

（2）了解自己，尊重别人。

（3）有强烈的沟通意识。每个人的思想都是一个宝库，与人交往，打开人的心扉，或开门进去看一看就能获得新的眼界和好的益处。

（4）谦虚待人，诚恳大方。

（5）学习力强，懂得取长补短。

单个人犹如沙粒，只有与人合作，乐于分享，学会"牵手"，才能既可以弥补自己的不足，也可与人形成合力，共同对待事物。

拥有正能量，改正负面心态

战胜失望，卸下压力

生活中，压力和失望人人都会遇到，有压力不是坏事，但常被压力所控，就会产生失望心理。当然，还有很多人在自己生活的不同时期会产生不同的失望情绪。比如："事事总是不如我愿"，"我老是把事情弄得一团糟"，等等。卡耐基说："要是你的思想灰暗悲观，你的一生也注定会是如此，因为你那些消极泄气的话根本不能给你什么支持鼓励，只会打击你的自信心。"

压力和失望就像普通的感冒一样。但是，连续不断的感冒也会给人带来较为严重的后果。所以，长时间的压力和失望会导致长期的情绪低迷或玩世不恭的心态，以及一些由精神压抑引起的负面心理。

压力和失望大都是关乎我们生活的主要方面的——工作、社交、恋爱、家庭，对我们的成功具有极大的破坏力量。压力大的人和有失望情绪的人，待人接物的态度总的看来有点没精打采、心灰意冷，甚至万念俱灰。

卡耐基曾把长期有压力以及对生活失望的人分为三种类型：

1. 妄自尊大型

这个类型的人大多是一切以自我为中心的人，往往看不起任何人。

2. 受创伤型

这个类型的人由于受过严重创伤而对生活失去了希望，于是任何时候都采取防备的态度和心理。

3. 默许型

这个类型的人时时刻刻揣测着别人对他的要求，反而不知道自己想要什么了。于是，对什么事都不发表意见。

那么，如何摆脱压力和战胜失望情绪呢？

1. 让思想灵活一些

任何主观的空想都是不可能实现的，我们应该使我们的思想灵活一些，这样一旦遇到了难遂人愿的情况，就会有思想准备。比如，你去剧场看戏，希望能见到一个你十分喜欢的演员。可是，就在开演之前，主办方宣布说那位明星演员病了，由其他人出场。假如你为演员的变动而叹气并满嘴牢骚地走出剧场这是不值得的。而如果你的思想是灵活的，你则可能会挺喜欢这场演出，甚至会对变动了的演员的演技品评一通。所以我们的思想要灵活，少来点主观的臆想。

2. 战胜消极思想，追求与自己能力大小相当的目标

消极思想常使人感到情绪低落，久而久之，你就会发现许多消极的信息都是自己想出来的，所以，如果你不能控制自己的思想，你就会被消极的思想"套牢"了。到了那个时候，你的思想、行为就会落后。所以，要想具有积极心态，最有效的方法是因地制宜地从我们的自身实际出发，培养自己的乐观心态，让自己不要活在所谓的恐惧之中。

3. 尽快从压力、失望等消极心态中恢复过来

为了从深深的压力、失望情绪中恢复过来，首先，要正确面对你受到的境况，不要掩饰它；然后，可以难过一段时间；但不能长时间沉迷于其中，要尽快调整心态，振作起来，让压力、失望都离开自己。

4. 使令人失望的事变成有意义的机会

令人失望的事，可以成为有积极作用的经历，人要学会从令人失望的事中吸取教训，总结经验，还可以将失望的事抛在一边，尽快拿出行动，或反复三思或改变自己的思维模式，换句话说，很多令人失望的事可以成为帮助我们成长的良师益友。

5. 释放压力、释放情感

人活于世，七情六欲总要有所释放。所以，让一些歌声、一些笑声，甚至一些眼泪陪伴你渡过难关或让心绪平复非常重要。

6. 改变自己的思考方式

你可曾有过这样的时候：有时，一天下来，你感到不大开心，但突然有人对你说："我们出去逛逛吧？"你的心情立即会豁然开朗起来。改变思考方式，心境也会不一样。

人应该多练习上述这些将消极心态转为积极心态的技巧。因为改变思考方式，便能学会从不同的角度来看自己和周围的事物。

记住：总是一种思考模式会使人陷于困境，而灵活多变的思考，会推动人摆脱僵化的局面，勇往向前。所以，去除压力、战胜失望的情绪，轻装前行，可重获生命的激情！

永远都坐前排

20 世纪 30 年代，在英国一个不出名的小城里，有一个叫玛格丽特的小姑娘。玛格丽特自小就受到严格的家庭教育，父亲经常向她灌输这样的观点：无论做什么事情都要力争一流，永远走在别人前面，而不落后于人，"即使在坐公共汽车时，你也要永远坐在前排"。父亲在她的成长中，从来不允许她说"我不能"或者"太困难"之类的话。

对年幼的孩子来说，父亲的要求可能太高了，但他的教育在以后的年月里证明是非常正确的。正是因为从小就受到父亲的"残酷"教育，才培养了玛格丽特积极向上的决心和信心。无论是学习、生活或工作，她时刻牢记父亲的教导，总是抱着一往无前的精神和必胜的信念，克服一切困难，做好每一件事情。

玛格丽特上大学时，考试科目中的拉丁文课程要求 5 年学完，可她凭着自己顽强的毅力，在一年内全部完成了。其实，玛格丽特不光是学业出类拔萃，在体育、音乐、演讲及其他活动方面也都是名列前茅。当年她所在学校的校长评价她说："玛格丽特无疑是我们建校以来最优秀的学生之一，她总是雄心勃勃，每件事情都做得很出色。"

正因为如此，40 多年以后，英国乃至整个欧洲政坛上才出现了一颗耀眼的明星，她就是连续 4 次当选为英国保守党领袖，并于 1979 年成为英国的第一位女首相，雄踞政坛长达 11 年之久，被世界媒体誉为"铁娘子"的玛格丽特·撒切尔夫人。

"永远都坐前排"是一种积极热情的人生态度，正是它激励了玛格丽特·撒切尔成为了英国的风云人物。卡耐基曾把热情称为"内心的神"。他说："一个人成功的因素很多，而属于这些因素之首的就是积极热情。没有它，不论你有什么能力，都发挥不出来。"积极热情是一种感染力。对生活倾注极大积极热情的人，往往才能应对各种复杂的人生局面。

杰里是一个永远充满快乐的人，他不仅生性乐观，并且善于激励别人。他有一套独特的人生哲学，他坚信：任何时候人都有两种选择，积极热情、消极冷漠。

一次，杰里遭人抢劫，腹部被 3 颗子弹击中，他住进了医院，很多人都为他担心，可是不久他便痊愈了。同事们关切地问他："中弹的时候你在想些什么呢？"杰里拍了拍同事的肩膀，哈哈一笑："在那一瞬间，我想到我有两个选择，一个是选择生，一个是选择死，而我选择了生，所以我认定我去的那家医院是全国最好的，那里的医疗技术更是一流的。"杰里喝了点水继续说，"可是，他们在做手术时，好像是把我看成一个垂死的人。我向医生们做了个鬼脸，使劲地喊了起来：'啊，我过敏呀！'当他们问我对什么过敏时，我说：'我对子弹过敏！还对冷漠过敏！'医生们都大笑起来，我的手术顺利地做完了。"

后来又有一个朋友问杰里："我不明白，你怎么可能一直都保持

别说不可能，信念改变人生

积极乐观的态度呢？你是怎样做到的。"杰里笑着回答说："每天早晨醒来，我就对自己说：杰里，今天你有两个选择——你可以选择一个好心情，也可以选择一个坏心情。而我选择了好心情；每当有坏事发生的时候，我可以选择受害者的角色，也可以积极地选择主宰者的角色，而我选择了后者。每当有人向我抱怨时，我可以消极地听取抱怨，也可以给他们指出解除烦恼的方法，而我总是选择主动帮助别人，向他们提出好的建议。我认为生活永远是由两个选择构成的，你要永远选择积极的那一个。"

一个积极进取的人，必然会拥有一个乐观而热情的内心世界，这个世界每时每刻都会产生巨大无穷的精神力量。

英国一家食品厂登出了招聘启事，许多人得到消息，纷纷赶来应聘。考核的时间还没到，外面却飘起了雨，这时在外面急着将货品搬上车的工人跑了进来，向招聘的负责人求援，希望能找几位应聘的人到仓库帮忙。人事主管于是向大家询问："有没有人愿意帮忙？"只见一堆人纷纷站了起来，表现出服务的热情，他们跟上前去，个个都非常卖力地帮忙把货搬上车。

过了一会儿，厂长来到仓库，发现这么多人聚集在这里，立即找来负责的人问明原因，负责招聘的人如实告知。没想到厂长却大发雷霆，怒斥道："我不是说过了，要再过一段时间才招聘吗？"这时正愉快地帮忙搬货的应聘者，听见厂长这么说，不少人当场发火说："这么说来，你们是在骗人啊？搞什么名堂！"应聘中很多人气愤地说着，并气呼呼地将手上的货物随地一扔，急匆匆地往外走去。此时，雨越下越大，仓库的负责人眼看着货物全堆在外面，焦急地请求他们帮忙，并允诺会给予报酬，但是大家仍不为所动，只有一个人在大家的嘲笑声中留了下来。货物搬完后，这个人没领报酬就往大门走去。

然而，就在这个时候，人事主管忽然跑了过来，用力地握住他的手说："恭喜你，你已经通过本公司的考核，请你明天就开始上班。"这个人听了满头雾水，正在纳闷时，只见厂长站在前方，用赞许与肯定的目光，向他点头致意。

这个案例中的其他面试者，为了求职而抱着现实的"交易"心态，期待在付出后会有必然的收获时，"聪明"的老板只以一句话，便直接拒绝了那些工作心态不正确的求职者。毕竟，在有求于人的情况下，大家都会尽量表现出卖力的一面，然而，这些人只顾及一己之私，却不会为他人着想，日后自然也不会尽心尽力为公司付出。因此，在这个考验的过程中，老板清楚地看见多数人刻意的"企图"，而不是服务的"热情"。

培训大师卡耐基在课堂上比较喜欢引用纽约中央铁路公司前总经理的人生名言："我越老越更加确认热情是胜利的秘诀。成功的人和失败的人在技术、能力和智慧上的差别并不会很大，但如果两个人各方面都差不多，拥有热情的人将会拥有更多如愿以偿的机会。一个人能力不够，但是如果具有热情，往往一定会胜过能力比自己强但却缺乏热情的人。"

不过，热情不是面子上的功夫，如果只是把热情溢于表面而不是发自内心，那便是虚伪的表现，这样，不仅不能使自己获得成功，反而会导致自己失去成功的机会。热情是股伟大的力量，你可以利用它来补充你身体的精力不足，并发展出一种坚强的个性。发展热情的过

别说不可能，信念改变人生

程十分简单，即把将来从事你最喜欢的那件事当成是你奋斗的明确的目标。热情不是一个空洞的名词，它是一股重要的力量，你可以予以充分地利用，使自己获得其中的益处。一个人如果没有了热情或缺乏了热情，就会像一个已经没有电或少电的电池一样。

有这样一个青年，他喜欢学习语言、学习历史，喜欢阅读文学作品。当他从欧洲来到美国定居的时候，白天在磨坊干活，晚上就读书。但没过多久，他就结婚了，此后，他的精力全都用在应付农场的日常工作和家庭的各种开销上。多年过去了，他再也找不到时间学习。63 岁那年，他决定退休。孩子们请他和他们同住，但他拒绝了。他回答说，"不，你们搬到我的农场来吧。农场归你们管理，我上山去住，我在山上能望见你们。"他在山上修建了一间小屋，自己做饭，自己料理生活，闲暇时去公立图书馆借许多书回来阅读。他觉得自己从来没有生活得这么自在过。他一反过去的习惯，早晨常常在床上躺到七八点钟，吃罢饭，往往还"忘记"打扫房间或清洗碗碟。后来，他甚至开始在夜间外出散步，他发现了黑夜的奥秘，他看到了月光下广阔的原野，听到了风中摇曳着草和树的声音。有时他会在一座小山头停下来，张开双臂，站在那里欣赏脚下沉睡的土地。

一次，他从图书馆借来的书中有一本小说，这本小说让他感触很深。小说的主人公是一名耶鲁大学的青年学生，小说主要叙述他怎样在学业和体育方面取得的成就，还有一些章节描述了他丰富多彩的校园生活。

他虽已是 68 岁的高龄了，但在读完了这本小说的最后一页后，他突然做出了一个决定：上大学，上耶鲁大学。他一辈子爱学习，现在他有的是时间，为什么不上大学呢？

为了参加入学考试，他每天读书 10 个小时。他读了许多书，他认为自己有几门学科已相当有把握。于是他买了一张去康涅狄格州纽海芬的火车票，直奔耶鲁大学。

他的考试成绩合格了，顺利地被耶鲁大学录取。入学不到两个星期，他发现，同学们对他似乎格外疏远，这不仅仅因为他年龄大，还因为他来上学的目的与众不同。别人选修的科目，都是为了有利于以后找工作、挣钱，而他和大家的不一样，他对有助于挣钱的科目不感兴趣，他是为快乐而学习，他学习的目的是要了解人类的过去和未来，了解世界的奥秘，弄清楚生活的目的，使自己的余生过得更有价值。后来，大家认识了他的学习目的，教授也对学生们说他才是真正地在学习。几年后，他完成了学业，获得了学位，健康充实地活到95 岁。

贺拉斯说："压力让人干好一时，热情让人干好一生。"可见拥有热情对于人生有着无以伦比的积极意义。

带着热情上路，我们的人生旅途会更加快乐、更加成功。

活在当下最重要

卡耐基说："错过了今天，你也就错过了今天的快乐。"很多人，在上高中的时候总觉得每天都是习题、作业、试卷……太枯燥了；到了大学又会抱怨专业没意思和就业形势的严峻；工作之后仍然发现没有时间和心情去玩去享受，结婚、房子、车子、孩子……一堆的事等着处理。还有人认为等到要退休才可能享受到舒适。

其实，人在追求的过程中本身是一件值得享受的事情，无论痛苦、幸福，无论快乐、悲伤，常常很多人忘记了享受当下的生活。人的人生就像一本书，书的内容是否精彩就看今天的自己在做什么，自己做的每一件事情又是否令自己快乐。

在犹太人中流传着这样一个故事：

三个商人死后去见上帝，讨论他们在尘世中的功绩。

第一个商人说："尽管我经营的生意几乎破产，但我和我的家人并不在意，我们生活得非常幸福快乐。"上帝听了，给他打了50分。

第二个商人说："我很少有时间和家人待在一起，我只关心我的生意。你看，我死之前，是一个亿万富翁！"上帝听罢默不作声，也给他打了50分。

第三个商人说："我虽然每天忙着赚钱，但我同时也尽力照顾好我的家人，我也常和朋友们在一起，我们经常在钓鱼或打高尔夫球时，就谈成了一笔生意。活着的时候，人生多么有意思啊！"上帝听他讲完，立刻给他打了一百分。

享受生活、快乐生活并不需要那么多的附加条件，不会欣赏和不会享受每日的生活是很多人最大的悲哀。现今，太多的人忙于奔波，为了赚钱而无意中预支了"当下的生活"。这种状况应该及时得到纠正。欣赏生活和享受生活真的不需要有太多的条件与借口，它需要的只是一种乐观的心态。

昨天是张作废的支票；明天是张尚未兑现的期票；只有今天才是现金，才能随时兑现一切。快乐，不只是休闲娱乐中才有，工作、学习、追求、奋斗中也有快乐，它需要人用心去体会。

包希尔·戴尔只有一只好眼睛，而且还被严重的外伤给遮住了，仅仅在眼睛的左方留有一个小孔。所以，每当她要看书的时候，就必须把书拿起来靠在脸上，并且用力转动自己的眼珠从左方的洞孔向外看。但是从小到大，包希尔·戴尔拒绝别人的同情，也不希望别人认为她与一般人有什么不一样，她每天都是快乐的。

当她还是一个小孩子的时候，她想要和其他的小孩子一起玩踢石子的游戏，但是她的眼睛看不到地上画的标记，因此无法加入他们的行列中去。于是，她就等到其他的小孩子都回家去了以后，趴在他们玩耍的场地上，沿着地上所画的标记，用她的眼睛贴着看，并且，把场地上相关的事物都默记在心里，之后不久，她就变成了踢石子游戏的高手了。她一般都是在家里读书的，她先将书本拿去放大影印以后，再用手将它们拿到眼睛前面，她的睫毛都碰到了书本，但就是在这种情况下，她仍获得了两个学位：一个是美国明尼苏达大学的美术学士，另一个是哥伦比亚大学的美术硕士。

当她得到学位之后，便开始在明尼苏达州的一个小村庄里当教员，后来成为一家学院新闻学与文学的副教授。其间，她经常在妇女俱乐部里演讲，以及在美国的广播电台介绍一些作家和文学著作。她回忆说："在我的内心深处，一直存在一种害怕面对黑暗的恐惧心理，为了克服它，我就用愉快的心情去过我每天的生活。"

包希尔·戴尔52岁的时候，奇迹发生了——她在玛亚诊所动了一次眼部手术，结果她的眼睛能够看到比原先所能看到远40倍的距离。尤其是当她在厨房做事的时候，她发现即使在洗碗槽内清洗碗碟，也会有令人心情激动的情景出现。她兴奋地说："当我在洗碗的时候，我一面洗一面玩弄着白色绒毛似的肥皂水，我用手在里面轻轻地搅动着，然后用手捧起一堆细小的肥皂泡泡儿，把它们拿得高高的，对着阳光看，在那些小小的泡泡儿里面，我看到了鲜艳夺目、宛如彩虹般的色彩。"

包希尔·戴尔简直无法抑制自己在欣赏肥皂泡泡与窗外麻雀飞翔时的欢快心情，她一夜夜难以入眠。后来，她写了一本谈论关于勇气以及给人精神鼓励的著作，书名叫作《我要看》。她在书中的结束篇里写道："我轻声地对自己说，亲爱的上帝，感谢你，非常非常的感谢你！感谢你的恩赐，因为你能使我看见洗碗槽，使我看到肥皂泡里的小彩虹，以及在风雪中飞翔的麻雀……"

人类一直生活在美丽快乐的世界里，但是，很多人却很少去好好地欣赏它、享受它。在我们的生命当中，除了努力争取你想要的，还要考虑如何在得到之后好好欣赏以及享受它们。

　　珍惜每一个人生的阶段，认真体会每一个人生阶段的苦辣酸甜，哪怕不只有快乐的回忆，因为珍惜才不会让你轻易错过任何的获得，因为珍惜才不会在这种明天与昨天、今天与明天的交替中失去了今天。

感恩生活，才能收获快乐

卡耐基说："做人要有一颗感恩的心，假如你对他人、他事、他物很感恩，你对生命的看法一定会大大地改观。"一个人不计较得与失，就会让自己的生命充满了亮丽与光彩。所以学会感恩，对生命怀有一颗感恩的心，人才能真正快乐。

在物质生活富裕的今天，许多人不懂得珍惜幸福生活，更不知感恩为何物，只知道一味地索取，从没想到过要回报。还有些人总抱怨命运的不公平，常怀一颗与己无关的心看待周围的一切。其实，自然界的很多生物都知道感恩：像"落红不是无情物，化作春泥更护花"，是落叶对根的感恩；"谁言寸草心，报得三春晖"，是小草对大地的感恩。"海阔任鱼跃，天空任鸟飞"是大海给了鱼儿一个宽阔的天空，天空给鸟儿任意飞翔的空间。因为感恩，鱼儿回报给大海一片生机；因为感恩，鸟儿回报给天空一处美丽；大自然都懂得感恩，更何况我们人呢？

很多年以前，两个贫穷的年轻人在斯坦福大学边上学边打工，生活和学习都很艰难。他俩想和一位著名钢琴家合作举办一场音乐会，赚一笔门票钱用以支付学费。这位大钢琴家就是伊格纳希·帕德鲁斯基。他的经纪人和这两个小伙子谈判说，他们必须先筹足 2000 美元才行。这在当时不是个小数目，却是大钢琴家最低的出场价。

两个年轻人答应了。他们俩开始拼命工作，但最后，只凑够了1600美元。怀着忐忑不安的心情，两个人去找大钢琴家本人。他们把1600美元全都给了钢琴家，还附上一张400美元的欠条。他们对钢琴家许诺说，一定会把余下的400美元还清！

"不用了，孩子们，"帕德鲁斯基回答说："不必这样，完全不必。"说完他把欠条撕成两半，并把1600美元送回他们手中。帕德鲁斯基说："我愿意免费出场演奏，到时候，你们从门票中扣除你们的住宿费和学费，如果还有剩余就归我。"

许多年过去了。第一次世界大战结束后，帕德鲁斯基担任了波兰的国务院总理，由于经济萧条，无数饥饿的人在向他呼救，身为总理的他不得不四处奔波寻求帮助。而当时能帮助他的只有一个人，就是美国食品与救济署的署长赫伯特·胡佛。

胡佛得到了帕德鲁斯基求救的信息后立即答应了他的请求，不久，成千上万吨的食品运到了波兰，挽救了大量饥民的生命。

后来，帕德鲁斯基总理在法国巴黎见到了胡佛，当面向他表示感谢。胡佛回答说："不用谢，完全不用谢，帕德鲁斯基先生，有件事您可能忘了。早先有两个穷大学生很困难时，是您帮助了他们，其中一个就是我。"

上帝的手指不会把任何一份善意抹去。随着岁月的流逝，它不仅不会被忘却，而且会在时光中放射出光芒，这些光芒一部分变成感激，一部分变成更大的善意。有感恩之心的人会把他们的爱心回报给社会，回报给他人。

别说不可能，信念改变人生

但如果一个人只为自己活，那么他的生命就会变得很狭隘，处处受到局限。以自我为中心的人也许会不断地进步，但是永远不会感到满足。心理学家艾力逊曾经说过："只顾自己的人结果会变成自己的奴隶！"但如果做个关心别人的人，不但能对社会有所贡献，更可以避免只顾自己而过着枯燥乏味、毫无情趣的生活。

我们要对父母心存感恩，因为他们给予了我们生命，让我们健康地成长，是他们的一次次牵扶，让我们放飞理想；我们要对师长心存感恩，因为他们给了我们教诲，让我们抛却愚昧，懂得思考，在工作的历程中实现自我梦想；我们要对兄弟姐妹心存感恩，因为他们让我们在这尘世间不再孤单，让我们知道有人可以和自己血脉相连；我们要对朋友心存感恩，因为他们给了我们友爱，让我们在孤寂无助时倾诉、依赖，看到希望和阳光。人如果心存感恩，不仅做事体现出来，而是即使是一句简单的话语也充满了神奇的力量，会让所做所说一下子变得无比亲切起来。

一个小男孩捏着1美元硬币，沿街一家一家商店地询问："请问您这儿有没有上帝卖？"店主们要么说没有，要么嫌他捣乱，不由分说地就把他撵出了店门。

天快黑了，第29家商店的店主热情地接待了男孩。老板是个60多岁的老头，满头银发，慈眉善目。他笑眯眯地问男孩："告诉我孩子，你买上帝干吗？"

男孩流着泪告诉老头，他叫邦迪，父母很早就去世了，他是被叔叔帕特鲁普抚养大的。叔叔是个建筑工人，前不久从脚手架上摔下来了，至今昏迷不醒。医生说只有上帝才能救他。

邦迪想上帝一定是种非常奇妙的东西。"我把上帝买回来，让叔叔吃了，伤就好了。"

老头眼圈湿润了，问："你有多少钱？"

"1美元。"

老头接过硬币，从货架上拿了瓶"上帝之吻"牌饮料，"拿去吧，孩子，你叔叔喝了这瓶'上帝'，就没事了。"

邦迪喜出望外，将饮料抱在怀里，兴冲冲地回到了医院。一进病房，他就开心地叫嚷道："叔叔，我把'上帝'买来了，你很快就会好起来！"

几天后，一个由世界顶尖医学专家组成的医疗小组来到医院，治好了帕特鲁普的伤。帕特鲁普出院时，看到医疗费账单上那个天文数字，差点吓昏过去。可院方告诉他，有个老头帮他把钱全付了。那老头是个富翁，从一家跨国公司董事长的位置退下来后，隐居在本市，开了家杂货店打发时光。那个医疗小组就是老头花重金聘来的。

帕特鲁普激动不已，他立即和邦迪去感激老头，可老头已经把杂货店卖掉，出国旅游去了。

后来，帕特鲁普接到一封信，是那老头写来的，信中说：年轻人，您有邦迪这个侄子，实在是太幸运了。为了救您，他拿了1美元到处购买'上帝'……感谢上帝，是他挽救了您的命。但您一定要永远记住，真正的上帝，是人们的爱心！

上帝垂青知恩图报的人，他会悄悄帮助他们完成感恩的愿望。在这个世界上，忘恩的人很多，所以，面对真诚的邦迪，连"上帝"都不禁动容，他让这个孩子仅花1美元便使一个无法实现的愿望成为现实。

别说不可能，信念改变人生

感恩，并不像某些人想象得那么遥不可及，做起来也并不很难。当他人向你投来友好的目光时，你回赠他人一个亲切的眼神，就是感恩；当你得到他人的帮助时，你投去一个甜甜的微笑，就是感恩；当你受到他人的鼓励时，你说声"我会努力的！"

当20岁的开普勒梦想自己未来的时候，总是觉得前途一片灰暗。他的家庭并不富有，他所受的教育也很有限，周围的人也都不重视他。

为了能够养活自己，开普勒在一家餐厅找到了一份临时工作，当上了厨师。有一天已经很晚了，店里只剩下开普勒一个人，正准备打烊时，一个人走了进来。他问开普勒，能不能为一个可怜的澳大利亚游客准备一份晚餐，他迷了路，而且非常饿。开普勒想都没想，就答应了他的请求。

等开普勒从厨房里出来，发现除了那个澳大利亚游客之外，又来了一位不速之客，他坐在离澳大利亚人那张桌子远的地方。开普勒用英语同他打招呼，那个陌生客人耸了耸肩表示不懂。他用阿拉伯语解释说他不会讲英语，恰好开普勒在学校里学过一点阿拉伯语，于是知道了这位客人是从沙特来的，他也在市区迷了路，并且也很饿。

出于礼貌，吃饭的时候，开普勒一会儿跟澳大利亚人说说话，一会儿又同阿拉伯人聊几句。他终于获得了一个有趣的发现：这个阿拉伯人经营着一家进出口公司，这个澳大利亚人有一个很大的绵羊养殖场。

于是，开普勒问澳大利亚人，是不是有兴趣将他的羊出口到阿拉伯去，澳大利亚人高兴得直点头。开普勒又转过身来问阿拉伯人，是不是愿意从澳大利亚进口新鲜、肥美的绵羊，阿拉伯人说，如果可以的话，这简直是他求之不得的事。

谈话由此变得越来越热烈，双方交换了联系方式和地址，协商了价格，还互相把对方的银行账号也记在了餐巾纸上。

在经过一个小时的翻译和谈判之后，两个客人相互握手表示庆贺，然后向开普勒道了再见。出门的时候，澳大利亚人又转回身问开普勒道："我怎么和你联系呢？能给我留个地址吗？"于是，最后一张餐巾纸也被写上了字，然后三个人分手了。

几个月后的一天，开普勒收到了一封信，是从澳大利亚寄来的。那个澳大利亚人在信中感谢开普勒所做的出色工作，同时感谢他敏锐的商业眼光。他告诉开普勒，已经有几千只羊在漂洋过海去沙特阿拉伯的路上了。在信封里，还附上了一张 5000 美元的支票，作为对开普勒的报答。

开普勒并没有想到要什么回报，但这次机遇却成了他一生的转折点。于是，开普勒给澳大利亚人回了一封信，他说："其实我应该感谢你，是你让我明白了人生的价值所在，这是多少钱都买不来的东西。"在回信中，他又寄回了 5000 美元的支票。

不久，开普勒离开了这家餐厅，自己成立了一家对外贸易中介公司，很快就成了百万富翁。

生活中，我们经常要充当两种角色——施恩者和受恩者。当我们受恩的时候，一定要知道感激，知道那是一份难得的恩遇；当我们是施恩者的时候，最好很快忘掉它，更不要期待回报。

生活中，人们要牢记他人对自己的恩惠，忘记所受之恩。感恩是

别说不可能，信念改变人生

一种生活的态度，是一种美好的道德情操。怀有一颗感恩的心，不是简单的忍耐与承受，更不是简单的感谢，而是以一种宽宏的心态积极勇敢地面对人生。

人如果常怀一颗感恩的心，就会发现事物的美好，感受平凡中的美丽，就会以坦荡的胸怀来应付生活中的酸甜苦辣，让原本平淡的生活焕发出迷人的色彩，使生活变得更加美好。

拥有一颗感恩的心，会让社会中多一些宽容与理解，少一些指责与推诿；多一些和谐与温暖，少一些争吵与冷漠；多一些真诚与团结，少一些欺瞒与涣散……

感恩，会充实我们的生活；感恩，会塑造我们高尚的心灵；感恩，会使世界变得美丽；感恩，会使人们拥有爱心。让我们怀着一颗感恩的心，去感谢生活中的点点滴滴吧！

改正人生态度中的常见错误

有一个不幸的女孩，经历非常坎坷。听过女孩的经历和事迹的人很多会泪流满面，可是她却感觉"我最幸福"。

女孩是个无父无母的孤儿，她没有双手。但是她却用自己的脚写了一篇作文，作文在全县的一次征文比赛中获得了一等奖，作文的题目叫作《我最幸福》。作文里面没有一句抱怨的话，有的全是对生活的感激。

女孩很穷，她上不起学，但是她自己找到了学习知识的办法。她趴在教室外面的墙上，偷听老师讲课。

有一年冬天，天气特别的寒冷，但是寒冷不能阻碍女孩去听课。老师提了一个问题，班上没有一个同学能回答出来。这个问题却被趴在墙上偷听的女孩回答出来了。教室里的老师和同学一直都没发现女孩，所以当他们听到女孩的正确答案时非常惊讶。女孩的行为和精神感动了师生们，他们把女孩领进了教室，收留了她，让她每天可以和同学们一起上课，大家都自觉地保守这个秘密，不告诉学校。就这样女孩上完了小学。

女孩小学毕业考试成绩是他们全县的第一名。可是却没有一个中学录取她，因为她没有双手。

别说不可能，信念改变人生

女孩的母亲脑子出了毛病，隔一段时间就要出走一次。她的双手就是她小时候母亲的出走她发生意外失去的。当有人问她："你的双手是因为你母亲的出走失去的，你恨没恨过她？"她的回答是："没有。从来没有。我爱她，我总是觉得对不起她。"长大后，她的母亲又一次出走。后来，在结了冰的河水里，人们找到了她。女孩提起母亲，总是泪流满面，总是内疚地说："是我没有照顾好母亲。"后来女孩辍学在家，她自学完成了中学的全部课程。女孩不仅用双脚学会了做饭，还学会了画画和书法。女孩用脚切土豆丝，切得很细很匀，她切土豆丝的时候，脸上总是带着坚毅的笑容；她用脚画的画，在许多人看来，水平绝对不低；女孩用脚最爱写的字就是"我最幸福"。

从这个故事中我们得到了什么启示？即人生没有幸运和不幸之分；或者说，幸福的人生和不幸的人生没有本质上的区别。只要你摆正了心态，身体上的伤残和生活中的不幸，都不能成为幸福的障碍。

生活中，人们需要改正人生态度的常见错误有：

1. 在生活中欺骗自己和别人

在生活中欺骗自己和他人的行为，主要是因为不敢正视发生的事情，不敢解决正在面对的难题，等等。

2. 不去行动，懒于行动

很多人常常嘴上说干这干那，但不行动，或行动后遇到困难马上退缩不前。

3. 令人生厌的抱怨态度

抱怨的态度让人消极，干事缺乏动力，为人做事不主动。

那么，如何才能获得正确的人生态度呢？

1. 积极主动，用心追求真正的梦想

积极主动，用心追求，全力以赴，才能实现自己的理想。

2. 扩大生活面，尝试新事物

学习新技术、开拓新途径，扩大生活面，尝试新事物，都可以使人获得新成果。当你肯尝试新的活动，接受新的挑战的时候，你会发现因为多了一个新的生活层面而惊喜不已。

3. 天下所有的事情并非只有一个答案

一般人往往认为自己这一生只能从事一种工作，扮演一个角色，甚至以为如果不能得到或办到这一点，自己就永远不会快乐。这种思维模式未免太狭窄了。天下的事情并非只有一种答案，只要全力以赴，多角度思考，人做事就能梦想成真。

4. 敢于迎接挑战

许多人以为自己应该等待一个适当的时机，以稳当的方法去开拓前程。这种想法未免过于保守，因为那个"适当的时机"可能永远不会到来。任何人成功都不是精心设计、毫无差错的电脑程式，所以应该有勇于迎接挑战。

5. 只跟自己比，不和别人攀

从我们懂事以后，我们就感受到"成就"的压力，这种压力随着年龄的增长愈来愈强烈。很多人处处想表现优异，以为自己非得十全十美，别人才会接纳自己、喜欢自己。一旦发觉自己处处不如人时，就开始伤心、自卑，结果当然毫无快乐可言。所以，人只能和自己过

去比，不能处处和他人比。如果你真的已经尽了力，相信你的今天一定会比昨天好，明天会比今天更好。

6. 既不要过分自信，也不能无信心

人既不要自大，也不要无信心，畏首畏尾。人的梦想计划一定要合理和具体可行，不可好高骛远，空做摘星美梦。还有要记住，就算你无法达到自己设定的目标也不要灰心。布朗宁曾说："啊！如果凡人所梦想的都唾手可得，那还要天堂干吗?!"

心平气和，懂得自制的人可爱

生活中，能够心平气和的人，不管富与贫，他都是成功的。所以卡耐基告诉我们，一个人无论在顺境里，还是逆境中，都要懂得适时调整自己的心态，懂得自制。

当你在生活中遇到非常麻烦非常让你感到愤怒的事情，你要做的不是发脾气，而是去面对它、解决它，然后再继续前进。很多时候，一个人控制了自己的情绪就等于控制住了局面，因为自制力可以帮助人解决许多问题。对待问题，人们解决它们必须一个一个来，不可操之过急，这样才能全部解决问题。

人要有自制力，一个没有自制力的人，是无法控制自己人生的。那种任由自己的喜好不顾及理智的人不仅影响自己的心态，影响办事的效率，更降低了自己在公众中的好感度。

有一位安妮小姐，是做客户服务的，每天工作的主要内容就是接客户的投诉。通常一天要接几十个电话，每个客户都会催着她快点把自己的问题解决，她对每一个问题还要经过反反复复地认证。不断有电话、传真过来，同时又要面对客户的催促。这样日复一日，她觉得工作既无趣又把自己折腾得身心俱疲，有时候真是觉得难以支撑下去了，以前想象的工作的乐趣根本找不到。每个季度公司开总结会布置新任务的时候，安妮就会不断地问自己，这样的日子何时是尽头。她真想大叫一声：悠闲的工作究竟在哪里？为什么自己会出现这样的情况呢？

心理学家们认为，人在心平气和的情绪中工作较能专注，而创意也比较丰富，解决问题的能力亦会大增，也更有弹性及适应力来面对挫折、问题。

人切不可随意所为，必须要有自制，而且自制是一个人在社会中为人处世的必不可少的一项基本素质。自制，是克服自我内心的冲动和欲望的控制器，有了自制，人就不会因为外界影响心里浮躁，不会因为遇到一点不称心的事就大发脾气。

周末下午，小王来到办公室刚要坐下，电灯灭了。小王跳了起来，奔到楼下锅炉房。管理员正若无其事地边吹口哨边铲煤添煤。小王破口大骂，一口气骂了六七分钟，最后实在找不到什么骂人的词句了，只好放慢了速度。这时候，管理员站直身体，转过头来，脸上露出开朗的微笑。他用一种充满镇静与自制力的声调说道："哎，你今天晚上有点儿激动吧？"

你完全可以想象小王当时是一种什么感觉。面前的这个人确实各方面都不如小王，但他却在这场"战斗"中打败了小王这样一位高层管理人员。

小王非常沮丧，甚至恨这位管理员恨得咬牙切齿。但是没用，回到办公室后，他好好反省了一下，觉得唯一的办法就是向那人道歉。

小王又回到锅炉房。轮到那位管理员吃惊了："你有什么事？"小王说："我来向你道歉，不管怎么说，我不该开口骂你。"这话显然起了作用，那位管理员不好意思起来："不用向我道歉，刚才我并没有听见你的话。况且我这么做，是针对全办公楼的，只是泄泄私愤，对你这个人我并无恶感。"你听，他居然说出对小王并无恶感这样的话来。这让小王非常感动。

从那以后，两人居然成了好朋友。小王也从此下定决心，告诉自己以后不管发生什么事，绝不失去自制。因为一旦失去自制，任何一个人都能轻易将他打败。

这个故事告诉我们，一个人除非先控制了自己，否则将无法得到别人的体谅与合作。自制不仅仅是人的一种美德，也可在人际关系中助其一臂之力，因为有自制能力的人才能更好地适应社会，适应各种人际关系。

所以，在人生的路上，自制力是相当重要的。拥有自制力，就能够使事业顺利进行，拥有自制力，是享受生活的基础。谁都希望自己多一些快乐，少一些烦恼，倘若你能以自制力调整好自己的情绪，"好事"就容易发生在你身上，相反，"坏事"就随之而至。

那么，如何才能有好的自制力，在各种情况下，控制好自己的情绪呢？可以认真参考下列建议：

1. 记录和分析你的不良情绪

请准备一个小记事本，当你开始发怒，就记下整个事件：时间、地点、对象、原因、你当时心里想到什么、感受到什么、结果做了什么。不要嫌这样麻烦。这记录本会加强你了解自己的能力，让你更能分析自己的敌意思想、愤怒情绪、攻击行为。同时每周固定回顾记录，找出激怒你的原因。这样做一段进间，或许你就会慢慢发现，令你暴跳如雷的都是些鸡毛蒜皮的小事；还有你会看出，激怒你的其实不是别人，而是你自己——你的想像、猜测、推论和怀疑。

2. 将心比心

当你察觉到愤怒蠢蠢欲动，一定要立刻在心底用最大的力气默喊："停！"这是很有效的一种战术，当思绪应声而止，心中酝酿的怒气也会慢慢打住。然后，你开始跟自己说理，你忿忿不平是吧？以为全天下都对不起你，是吧？假想一下，如果你是对方，眼前这个暴跳如雷的人是不是很荒谬可笑？试着将心比心，再加一点幽默感，这是消除怒气的最佳利器。

3. 学会认真听人讲话

当你一再用言语和脸色打断别人的话，就是不自觉地告诉对方："我的意见比你重要。"那么，别人如果不理解你，就会很快转身离开，甚至同样敌视以对。所以，学会倾听，耐心让人把话说完是非常重要的。这个改变将会微妙地扭转情势，使彼此的关系变得和平顺畅。

4. 转移注意力

人生中总是有心情抑郁和烦躁的时候，情绪化的人更是容易陷入不好的情绪中而无法自拔。心理学家认为，人在心情抑郁、烦躁时，思维容易变得狭隘、闭塞，走进死胡同。所以，当你因某事烦恼时，最好努力使自己暂时忘记它，转移注意力，这样，思维就会开阔起来。否则一味想着它，反而陷得更深，更难以自拔，徒增烦恼。

具体而言，当你心情不舒畅时，不妨去做一些平时感兴趣的事，如看电影、摘抄或阅读一本渴望已久的小说，这样，不知不觉中，烦人的事会慢慢地淡忘，痛苦烦闷会逐渐减弱、消退，心情会变得开朗起来。除此之外，运动也是转移注意力的良好方式。你可以试着在烦恼时选择自己喜欢的运动，人的转移注意力一方面来自于自我安慰，另一方面，换种思维还可以减少压力、发泄情绪等。

5. 努力使自己去宽恕别人，注意沟通

当别人确实侵犯到你，你当然有权利生气。如果对方是陌生人，你可以大吼大嚷、漫天叫骂，然后一走了之，希望彼此再也不要碰面；但是，如果对方是你的同事、朋友或家人呢？每当心脏病专家和心脏病患者晤谈，最常听见的一句话就是："我以前经常会因为一点小事不能原谅别人，但发病后我才知道：当初令我火冒三丈的那些事，其实是多么微小而不重要。"但为什么非要等到发病之后才能醒悟呢？未雨绸缪来避免它不是更好吗？

你可以因为别人激怒了你生气，但别忘了沟通的艺术。得理不饶人的强烈抨击，只会告诉对方："在我眼中，你是个彻头彻尾的无能者、不折不扣的笨蛋。"然而，当你平静而清楚地告诉他：他的某些行为激怒了你，但你认为他这样做不应该，这将使对方有路可走，可以改过迁善。当然，做到改变自己和宽恕别人的确不容易，但值得人一生努力去做。

用平常心寻找生命的绿灯

卡耐基曾说，对待生活，要有一颗平常心，这样才能寻找到生命中的绿灯。但一颗平常心太难做到了，一般的人太难做到闲看庭前花开花落，静观天边云卷云舒。

哥本哈根大学有一名学生叫乔治，有一次他独自到美国旅游。他先到华盛顿，下榻在威勒饭店。乔治的上衣口袋里放着到芝加哥的机票，裤袋中的钱包里放着护照和现金。然而，当他准备睡觉时，却发现钱包不翼而飞，于是他立刻下楼告诉了旅馆的经理。

第二天早上，乔治的钱包仍然不见踪影。只身异乡，他立刻手足无措。心想：是打电话向芝加哥的朋友求援，是到丹麦使馆报告护照遗失，还是呆坐在警察局里等待消息？

经过一阵思索之后，乔治做出决定：我要看看华盛顿，我可能没有机会再来了，今天的时光非常宝贵。毕竟，我还有晚上飞往芝加哥的机票，还有很多时间处理钱和护照的问题。但如果我现在坐在宾馆里发愁，任时间流逝一点儿用都没有。

两天之后，华盛顿警局找到了乔治的钱包和护照，并顺利地还给了他。回到丹麦之后，人们问起他美国之行，乔治觉得最难忘怀的就是徒步漫游华盛顿的时光。他参观了白宫和国家博物馆，观看了华盛顿纪念碑……原来这座城市竟然如此漂亮，但是在他原本预订的旅游计划中，并没有这一项。

乔治是聪明的，因为他会用平常心对待自己。他领略到生活的平常而有滋味，他看到了生活的神奇及美丽。

有平常心，会使胸襟更豁达一些，眼光更长远一些，能守住心灵的宁静，可善待自己，不苛求自己，不随波逐流，不作无谓的"折腾"，任凭权利纷争、物欲横流而宠辱不惊。人有了平常心，就能拥有宁静平和的心态，以平常心看大千世界，以平常心待人生沧桑，心灵才能宛如在静野上漫步，在幽涧中独行。

有一对夫妻刚刚从工作岗位上退下来。每天早上，在洗漱之后，他们就到街心公园去跳舞。在音乐伴奏下，他们踏着欢快的舞步，不停地变换着美妙的舞姿，那健美的身段和红扑扑的脸庞上，依然显示出年轻人一般的朝气与力量。园中游人，被他们精彩的表演所吸引，不断地走过来，热烈地拍手叫好。他们活得快乐、活得美丽；他们把自身的快乐和美丽带给大家，令大家的生活更增加了一份快乐和美满。

每天到这个街心公园来的，还有一对年逾古稀的白发老人。老头儿是个偏瘫病人，他一只手拄着一根拐杖，另一只手臂就搭在老妇人的肩膀上。老妇人不仅用身体承担着老头儿大部分的重量，同时还要提着一个套在老头儿右脚上的绳圈，用力提拉着他那不起作用的右脚，帮助老头儿一小步、一小步地往前挪动。在他们走过的小道两旁，经常会有一些驻足观望的游人。可是，这对老夫妇在众人的注视下，却总是那么坦然自若地相携而行。他们脸上的表情总是出奇地平静。

别说不可能，信念改变人生

望着这对老夫妇蹒跚而行的身影，人们会不由得联想到很多，很多……以上这两对夫妇，从身体上来说，一对拥有健康与欢乐，另一对则不能摆脱残疾与病苦。但是，如果从对生命的执着和对生活的追求着眼，我们就可以看出，他们活得都很有意义。他们各以自己的方式和力量，努力把日子过得更幸福、更快乐。他们力争让自己的生命之花尽情地开放！

每个人有每个人的活法，每个家庭的日子过得也各不相同。但是，无论老少贫富，只要对人生充满信心，都可以活得很有意义，把日子过得很美满。一个人是不是快乐，是不是能够成功，与是否有一颗平常心有很大关系。

心理学家从心理学角度研究认为，人有了平常心，就不会把自己视为生活的机器，工作的奴隶。他们会注意到身体生理机制的调节，该休息时就休息，该努力时就努力；他们会正确面对得与失，不怨天尤人，而是脚踏实地奋力拼搏，直至到达胜利的彼岸。

一个人的心里如果没有了大得大失，没有了大喜大悲，常保持平常心，听起来有点儿像是修行高深的大师，不食人间烟火的神仙，但真能做到，恰恰是经历生活风雨考验后内心的升华与获得，是极其宝贵的人生财富。记住，生活是不会辜负人们的，只要人们不对它灰心失望。

与积极交友，远离消极

古语云："汝爱人，人恒爱之。"与人交往的第一要领是你喜欢别人，别人也喜欢你；你欣赏别人，别人也就欣赏你；你帮助别人，他人也帮助你。爱人，人恒爱之，这是在为自己铺路。

有这样一个例子：

阿凌在北京打工，租房子换环境是常有的事情。一次，她新租了一个住处，周围的老住户用警惕的眼睛打量着她。怎么办？阿凌仔细寻思后，认为如果想以最快的速度消除异地的陌生感，与周围邻居保持一种友好关系是最便捷的方法，而让别人一步，其实是留给自己一步退路。第二天下楼，她看见一些总是义务维护治安的老头老太太们一齐用陌生的眼光打量自己，就拿出最具亲和力的笑容，向他们问好。短短的诧异像破晓前的黑暗，老头老太太们多皱的脸上随即现出了晨光般的笑容。以后，阿凌和邻居间的见面就融洽了。还常有大爷大妈主动与她聊天：姑娘，缺什么东西来我家拿！她都含笑点头，领受这份真诚。

这是一个再普通不过的事例，但由此得出的与人相处之道却是终生受用的。人只有关心并欣赏他人，才能获得别人的关心和欣赏。

从前，苏伯比亚小镇有一对邻居，一个叫汉斯，一个叫吉姆——

但他们并不友好，虽然谁也记不清到底是为什么，但事实是，他们彼此都不喜欢对方。

他们时有口角发生。尽管夏天在后院开除草机除草时车轮常常碰在一起，但多数情况下双方连招呼也不打。

有一年夏天的一天，晚些时候，汉斯和妻子外出去度假。开始吉姆和妻子并未注意到他们走了。也是注意他们干什么？除了口角之外，他们相互间很少说话。

但是，这天傍晚吉姆在自家院子除过草后，注意到乔治家的草已长得很高。因为自家草坪刚刚除过，所以看他人家草坪时草高会特别显眼。

对于过往的行人来说，汉斯与妻子很显然是不在家，而且已离开很久了。吉姆想这等于公开邀请夜盗入户，而后一个想法像闪电一样攫住了他。

吉姆又一次看着那杂乱无章的草坪，但心里真不愿去帮助自己不喜欢的人。但不管这种想法是多么坚定，可要去帮忙的念头却挥之不去。第二天早晨，吉姆起了个大早，趁自己还没有开始犹豫的时候，就把那块长疯了的草坪修剪好了！

几天之后，汉斯和妻子在一个周日的下午回来了。他们回来不久，吉姆就看见汉斯在街上走来走去，他在整个街区每所房子前都停留过。

最后他敲了吉姆的门，吉姆开门时，汉斯站在门外盯着他，脸上露出奇怪和不解的表情。

过了很久，他才说话："吉姆，你帮我除草了？"这是他很久以来第一次叫吉姆名字。"我问了所有的人，他们都没除。杰克说是你干的，是真的吗？是你除的吗？"汉斯语气几乎像是在责备。

"是的，汉斯，是我。"吉姆说。

汉斯犹豫了片刻，像是在考虑要说什么。最后他用低得几乎听不见的声音嘟囔说了声"谢谢"之后，急转身马上走开了。

汉斯和吉姆之间就这样打破了沉默。现在，他们虽还没发展到在一起打高尔夫球或保龄球，但他们的妻子却总是为了互相借点糖或是闲聊而频繁地走动。他们的关系在改善。至少再在除草机开过的时候他们相互间有了笑容，有时甚至说一声"你好"。

当然，说不定什么时候他们也会在一起聊天，谁知道呢？或许他们会分享同一杯咖啡，这只是迟早的事情。

人与人之间从来不是没有融化不了的坚冰，一次相遇的微笑就可以尽释前嫌，一声善意的问候就可以消除积怨。在僵持的关系中，谁迈出第一步，谁就是胜利者，因为他战胜了狭隘和自我，展示了勇气和力量，更重要的是他有一颗宽容的心。

生活中，谁都有可能遇到与自己意见不合的人和事，抗争、辩论在很多时候是无法从根本上解决问题的，有时反而会把事情弄的更糟。但人与人只要摒弃前嫌包容心大一些，站在他人位置上思考，就可能解除与他人的敌对。

在19世纪初期，伦敦有位年轻人想当一名作家。但他做什么都不顺利。他有4年的时间没有上学。因为他的父亲无法偿还债务，锒铛入狱，这位年轻人时常忍受饥饿之苦。最后，他找到一个工作，在一个老鼠横行的货仓里干贴鞋油的标签，晚上他则在一间阴森静谧的

别说不可能，信念改变人生

房子里和另外两个男孩合住，这两个人是从伦敦的贫民窟来的。他们对他的作品毫无信心，但年轻人常趁深夜溜出去，把他的稿子寄出去，免得遭同住两个男孩的耻笑。开始时，一个稿子接着一个稿子被退回，年轻人不气馁，最后他终于被人接受了。出版社的一位编辑夸奖了他，并承认了他的书稿价值。他的心情异常激动，眼泪流过他的双颊，因为这次作品嘉许并出版改变了他的一生。这个人后来似乎"很顺"地写出了很多著作，他的名字叫查尔斯·狄更斯。

积极的人永远不放弃自己的努力。而不积极的人，往往刚一遇到困难，就采取逃跑、放弃的行为。

这是一场激烈的世界职业拳王争霸赛。正在比赛的是美国两个职业拳手，年长的叫卡菲罗，35岁，年轻的叫巴雷拉，28岁。上半场两人打了六个回合，实力相当，难分胜负。在下半场第七个回合，巴雷拉接连击中老将卡菲罗的头部，打得他鼻青脸肿。

短暂的休息时，巴雷拉真诚地向卡菲罗致歉。他先用自己的毛巾一点点擦去卡菲罗脸上的血迹，然后把矿泉水洒在他的头上。巴雷拉始终是一脸歉意，仿佛这一切都是自己的罪过。

接下来两人继续交手。也许是年纪大了，也许是体力不支，卡菲罗一次又一次地被巴雷拉击倒在地。

按规则，对手被打倒后，裁判连喊三声，如果三声之后仍然起不来，就算输了。每次卡菲罗都顽强地挣扎着起身，每次都不等裁判将"三"叫出口，巴雷拉就上前把卡菲罗拉起来。卡菲罗被扶起后，他们微笑着击掌，然后继续交战。

裁判和观众都感到吃惊，这样的举动在拳击场上极为少见。最终，卡菲罗以108：110的成绩负于巴雷拉。观众潮水般涌向巴雷拉，向他献花、致敬、赠送礼物。巴雷拉拨开人群，径直走向被冷落一旁的老将卡菲罗，将最大的一束鲜花送进他的怀抱。

两人紧紧地拥在一起，相互亲吻对方被击伤的部位，俨然是一对亲兄弟。卡菲罗真诚地向巴雷拉祝贺，一脸由衷的笑容。他握住巴雷拉的手高高举过头顶，向全场的观众致敬。

卡菲罗虽然败了，但败得很有风度；巴雷拉虽然赢了，却赢得十分大气。在自己失败的时候，还能够坦然为成功的敌手庆贺，表现出的是一种难得的宽容和自信；而巴雷拉在自己胜利的时候，还热情地给失败的对手以鲜花，这是一种人格境界上的更大成功。

卡耐基说，珍惜、肯定、赞美，都是一种豁达的心胸，一种成功者必备的素质。人生在世，我们要懂得以积极交往的心态与人为善，要对他人宽容大度；要与合作者配合默契，待人处事要热情有度，做到了这些，才能赢得周围人的信任、尊重和友谊，交到更多的朋友。

学点儿为人处世心理学

守护希望之光

每个人的心里都有一个五彩的盒子，装满了宝物，因为那里面全是"希望"，希望的可贵，不仅是因为它是人的一种动力，更是人的一种精神需求。

人走在追求梦想的途中，有太多的羁绊。有的挫折单靠个人的努力难以改变现状；有的人不战而败；有的压力让人喘不过气；有的人总是失望面对生活。其实，真正成大事者，"希望"永在心中，遇阻力无怨无悔，不屈不挠，直至成功。

日本松下电器公司总裁松下幸之助，年轻时家庭生活贫困，靠他一人养家糊口。有一次，松下到一家电器工厂去谋职。他走进这家工厂的人事部，向一位负责人说明了来意，请求给安排一个哪怕是最低下的工作。这位负责人看到松下衣着肮脏，又瘦又小，不想要他，但又不能直说，于是就找了一个理由：我们现在暂时不缺人，你一个月后再来看看吧。这本来是个托辞，但没想到一个月后松下真的来了，那位负责人又推托说此刻有事，过几天再说吧。隔了几天松下又来了。如此反复多次，这位负责人干脆说出了真正的理由："你这样脏兮兮的是进不了我们工厂的。"于是，松下幸之助回去借了一些钱，买了一件整齐的衣服穿上又返回来。这人一看实在没有办法，便告诉

别说不可能，信念改变人生

松下："关于电器方面的知识你知道得太少了，我们不能要你。"两个月后，松下幸之助再次来到这家企业，说："我已经学了不少有关电器方面的知识，您看我哪方面还有差距，我一项项来弥补。"这位人事主管盯着他看了半天才说："我干这行几十年了，头一次遇到像你这样来找工作的。我真佩服你的耐心和韧性。"松下幸之助说：只要您没有彻底拒绝我，我就还有希望，我会不断努力的。结果松下幸之助终于进了那家工厂，后来又以其超人的努力逐渐锻炼成为一个非凡的人物。

在成大事者的眼里，不成功只是暂时的挫折，即使失败了，他们也还认为有机会。成大事者认为世界上真正的失败只有一种，那就是轻易放弃，不敢挑战自我。

有一个外国女人被抢劫犯在她的头部击了五枪，医治后，竟然还能继续活下去，医生把她的康复归功于求生的希望。她自己也说："希望和积极的求生意念是我活下去的支柱。"

这个小故事告诉我们：积极的心态创造人生，人选择了积极的心态，就等于选择了成功的希望。

希望使人增强了对挫折的心理承受能力，就像一首歌里唱的那样：

"太阳忍受着悲伤

带给人间这希望之光

我们飞向遥远地方

去寻找美丽的梦想……"

凡是有理想、有思想、有追求的人，都没有理由将希望之田荒芜，没有理由让灵魂苍白的活在凄凉的土地上。守护希望是人一生的功课。

一个人同一位准备远航的水手交谈，他问："你父亲是怎么死的？"

"出海捕鱼，遇着风暴，死在海上。"

"你祖父呢？"

"也死在海上。"

"那么，你还去航海，不怕死在海上吗？"

水手问："你父亲死在哪里？"

"死在床上。"

"你的祖父呢？"

"也死在床上。"

"那么，你每天睡在床上不害怕吗？"

这个故事很幽默同时含有深刻的人生哲理。言简意赅反映出了水手明知祖父、父亲都死在海上，却没有因为失去亲人的痛苦挫折而改变自己的奋斗目标，仍然乐观地从事和挑战自己喜欢的事业。因为希望总是在明天而不在以前或未来。

希望是奔向前途的航标和指路明灯。如果生活缺少了它，前景会一片模糊，就像助推器，它使人插上了飞跃颠峰的翅膀。

贝斯和盖斯勒，是费城一家电视公司的制作人。1960年他们发现录影带比影片具有更强的市场适应性，虽然他们并非一流的制作专家，但他们决定开创自己的事业，于是他们成立了一家录影公司，开始时，他们决定提供一些其他有价值的服务：比如，他们提供最好的

别说不可能，信念改变人生

设备和空间给其他制作公司使用；他们不惜冒风险和可能没有付款能力的人签约；还制作一些表演节目；为录影技术人员提供训练讲座；还为一些公司，像 IBM、花旗银行等，提供公司内部通讯服务。

在成大事者来看，希望会成为创业的动力。贝斯和盖斯勒，并非最先洞察视讯系统在未来市场上会拥有一片天空的人，但由于他们心怀希望，结果他们赢得了优势。

一个年轻人曾经问苏格拉底成功的秘诀是什么。苏格拉底要这个年轻人第二天早晨去河边见他。第二天，他们见面了。苏格拉底让这个年轻人陪他一起向河里走。当河水没到他们的脖子时，苏格拉底趁这个年轻人没有注意，一下子把他推入水中。小伙子拼命挣扎，但苏格拉底很强壮，一直把小伙子摁在水里，直到他奄奄一息时，苏格拉底才把他的头拉出水面。而小伙子所做的第一件事情，就是深深地吸了一口气。

苏格拉底问："在水里的时候，你最需要什么？"

小伙子回答："空气。"

苏格拉底说："这就是成功的秘诀。当你渴望成功的欲望像你刚才需要空气的愿望那样强烈的时候，你就会成功。"

希望越强，越能激发一个人奋发的力量。举个例子：如果你是某家公司的推销员，有一把椅子市场价 80 元，但公司让你 500 元卖掉，闪跃脑际你的想法是什么？肯定想到的是"不可能"。但如果现在有一伙绑匪，将你生命中最珍爱的人，将你看得比自己生命还重要的人绑架了，让你在两小时之内把椅子以 500 元卖掉，如果卖不掉，这些绑匪就要"撕票"，你会不会卖掉？我相信你不仅仅是想卖掉，而是抱有一定要卖掉的决心去做这件事。

　　人可以一无所有，但不能没有希望；人可以不知道要走哪条路，但不能停止去探索。虽然生活中有很多事不能尽如人意，有很多事难心想事成，但凡成功之人都必定有一颗想赢的希望之心。所以，守护自己的希望，让希望成为努力的动力，去耕耘自己的希望之田吧。

爱你的对手

心理学家告诉我们，爱自己的亲人和朋友不难，但是爱自己的对手就不容易了，这需要气度和宽容。

林肯竞选总统前夕，在参议院演说时，遭到了一个参议员的羞辱，那个参议员说："林肯先生，在你开始演讲之前，我希望你记住你是一个鞋匠的儿子。"

林肯转过头对那个傲慢的参议员说："我非常感谢你使我记起了我的父亲，他已经过世了，但我一定会永远记住你的忠告，我知道我做总统无法像我父亲做鞋匠做得那样好。但据我所知，我的父亲以前也为你的家人做过鞋子，如果你的鞋子不合脚，我可以帮你改正它。虽然我不是伟大的鞋匠，但我从小就跟父亲学到了做鞋子的技术。"然后，他又对所有的参议员说："对参议院的任何人都一样，如果你们穿的鞋子是我父亲做的，而它们需要修理或改善，我一定尽可能帮忙。但有一件事是可以肯定的，他的手艺是无人能比的。"说到这里，林肯流下了眼泪，然而，参议院内却响起了一片真诚的掌声。

林肯最终当上了总统。

有人对林肯总统对待政敌的态度颇有微词："你为什么要试图和他们成为朋友呢？你应该想办法去打击消灭他们才对。"林肯总统温和地说："我难道不是在消灭政敌吗？我使他们成为我的朋友后，政敌就不存在了。"看看，这就是林肯"消灭"政敌的方法——将敌人变为朋友。

越是睿智的人，越是胸怀宽广。因为他洞明世事、练达人情，看得深、想得开、放得下，而这需要一种非凡的气度、宽广的胸怀，以及对人对事的包容和接纳。以德化人，是一种美德，是一种修养，是一种智慧，也是一种自我教育的方式。

"处世让一步为高，退步即进步的根本；待人宽一分是福，实利人利己的根基。"懂得宽容对手的人是能换位思考的人，是有大胸怀的人，也是有一种与人为善的观念。

这个世界是由很多很多的平凡之人组成的，只要我们不对对手怀有敌视心理，人总是各有所长，各有所短。因而对对手多一些宽容，就少一些心灵的隔膜；多一份理解，就多一份信任，多一份友爱。人只有善于发现对手的优点，才能真正地使其为我所用。很多时候，对手的优点也是要学习的。下面这则故事就很好地说明了这一点。

一只骆驼和一只羊经常因为要争个高下而互不服气。一天，骆驼和羊相遇了。

骆驼很高，羊很矮。

骆驼说："长得矮不好。"

羊说："不对，长得高才不好呢。"

骆驼说："我可以做一件事情，证明矮不好。"

羊说："我也可以做一件事情，证明高不好。"

它们俩走到一个园子旁边。园子四周有围墙，里面种了很多树，

别说不可能，信念改变人生

茂盛的枝叶伸出墙外来。骆驼一抬头就吃到了树叶。羊抬起前腿，扒在墙上，脖子伸得老长，还是吃不着。

骆驼说："你看，这可以证明了吧，矮不好。"羊摇了摇头，不肯认输。

它们俩又走了几步，看见围墙上有个又窄又矮的门。羊大模大样地走进园子去吃草。骆驼跪下前腿，低下头往门里钻，怎么也钻不进去。

羊说："你看，这可以证明了吧，高不好。"骆驼摇了摇头，也不肯认输。

它们俩找老牛评理，老牛说："高有高的长处，矮有矮的长处；高有高的短处，矮有矮的短处。你们只看到别人的短处，看不到别人的长处，这是不对的。"

金无足赤，人无完人，谁都会有自己的缺点。相反"尺有所短，寸有所长"，每个人也都有自己的优点。我们只有善于发现别人的优点，才能好好地利用这些优点为自己服务。而正确认识自己、提升自己、把握自己，使我们能够成为一个在这个世界上最有存在价值的人，那样才会生活得更有意义。善于取人之长补己之短的人，是真正聪明的人，因为他们总是能发现别人的优点，虚心向别人学习，因而一定会不断进步的。

那么，爱我们的对手，要注意哪些事情呢？

首先，切莫先入为主。

在我们的头脑中，总有一些先在的、得之于各种途径的观念，我们常常以此来评价和判断他人，但这往往会造成一些认知偏差。比如教授不苟言笑，商人精明世故……这些说法虽与某类人的特征相吻合，但绝不是个个如此，还要"具体问题具体对待"。人有多面，各不相同，不能用同一个标准来衡量所有的人，把人简单化。因为每个人都有其个性的一面。

其次，不以自己的好恶评价人。

每个人都有自己的好恶，如果投你所好，你就全面肯定，不合你的胃口就一棒子打死，这是不对的。人不能让现象或好恶蒙蔽了眼睛，这样你就很难发现别人真正的优点，会失去与这个世界上一半人友好交往的可能。而善于发现别人优点的人，必然心胸广阔，老是看到别人缺点的人，往往是自己心理狭隘，或者说，是一种忌妒心理在作怪。所以，我们要善于发现别人的优点，学习别人的优点，同时要正视自己的缺点与不足，努力改正自己的缺点。

第三，保持一颗平常心，学会欣赏对手。

懂得欣赏对手，才能更多的发现别人的优点，才能从他们身上汲取提升自己的能量，才能克制妒忌心理的纷扰，心胸坦荡地走好人生之路。一个善于发现和欣赏别人优点的人，一个善于理解和肯定别人的人，必然具备一种为他人所喜爱和被尊重的人格魅力，这也是真诚人格的具体表现。很多成功人士，不见得有多么高端的专业和水平，但却有着非凡的人际沟通能力和懂得欣赏和赞美他人的心胸。

在漫长的人生旅途中，让我们带着欣赏他人的心爱自己和"爱"自己的对手吧，如果不能做到"爱"，"欣赏"也可以。因为只要我们的心里充满阳光，我们的身边就会集聚朋友。

能创造奇迹的人，永远是自己

意大利人但丁是中世纪的最后一位诗人，同时又是新时代最初的一位诗人。他出生在意大利佛罗伦萨的一个破落小贵族家庭。他的一生坎坷不平。童年时他就成了无依无靠的孤儿，他将自己的全部精力都放在了刻苦学习上。但丁所生活的时代，正是意大利封建制度开始崩溃、资本主义逐渐兴起的新旧交替时期。作为一个爱国主义者，但丁投身于当时尖锐复杂的政治斗争中，为推动社会进步而奋斗。他的基本政治主张是：推翻封建贵族统治，反对教皇干涉内政，实现政治与宗教平等，政、教分离，维护佛罗伦萨的独立、自治，志在建立一个统一的、和平的、自由的意大利。

最初，他企图在当时已存在的两个相互敌对的党派——代表封建贵族的齐伯棒党和代表市民阶级的归尔夫党之外，另立新党，来调和封建贵族和中产阶级的矛盾，但由于没有社会基础而失败。

1302 年，在他 37 岁时，受到代表教会反动势力的政敌的迫害，被戴上贪污和反对教会的帽子，判处终身流放，并没收其全部家产。但是，但丁一直坚持自己的政治理想，不屈服于反动势力的压迫。断然拒绝佛罗伦萨统治者要他交纳罚款、宣誓忏悔以求赦免的要求，他颠沛流离于意大利的一些封建诸侯小国和法国巴黎，他想尽一切办法寻找支持他继续同政敌作斗争的力量，但这一切努力均以失败而告终，最后他流亡到雷文那，续写完了他从被放逐开始就已动笔的长诗——《神曲》。

在他不断流亡的生涯之中，他看到了意大利动乱的现实和平民阶层的困苦生活，加深了他对祖国面临社会的、政治的许多重大问题的认识，充实了他的创作内容。他从早年的"温柔的新体诗"派中脱颖而出，由专写爱情主题跃进为创作题材广泛的作品。但丁的作品和著作，是对中世纪僵化的经济哲学和宗教教义、封建神权统治发动的最早冲击，为欧洲的文艺复兴开拓了道路。

从但丁跌宕起伏的人生经历中，我们知道：精神上的打击并不会消磨开拓者的意志和斗志，所有艰难与坎坷都会成为对人的一种磨炼，在这个过程之中，提升但丁的认识和见解，调整奋斗的方向，充实事业，把有限的所得放到无限的开拓和奉献中去，这样的人生定位不仅仅是但丁的选择，也是命运的选择，信仰的选择。

1947 年，美孚石油公司董事长贝里奇到开普敦巡视工作，在卫生间里，看到一位黑人小伙子正跪在地上擦洗黑污的水渍，并且每擦一下，就虔诚地叩一下头。贝里奇感到很奇怪，问他为何如此？黑人答道："我在感谢一位圣人。"贝里奇问"为何要感谢那位圣人？"小伙子说："是他帮助我找到了这份工作，让我终于有了饭吃。"

贝里奇笑了，说："我也曾经遇到过一位圣人，他使我成了美孚石油公司的董事长，你愿意见他一下吗？"小伙子说："我是个孤儿，从小靠锡克教会养大，我一直都想报答养育过我的人。这位圣人若能使我吃饱之后，还有余钱，我很愿去拜访他。"

别说不可能，信念改变人生

贝里奇说："你一定知道，南非有一座有名的山，叫大温特胡克山。据我所知，那上面住着一位圣人，能为人指点迷津，凡是遇到他的人都会前程似锦。20 年前，我到南非登上过那座山，正巧遇上他，并得到他的指点。假如你愿意去拜访，我可以向你的经理说情，准你一个月的假。"

这个年轻的小伙子谢过贝里奇后就真的上路了。30 天的时间里，他劈荆斩棘，风餐露宿，终于登上了白雪覆盖的大温特胡克山。然而，他在山顶上徘徊了一天，除了自己，什么都没有遇到。

黑人小伙子很失望地回来了。他见到贝里奇后说的第一句话是："董事长先生，一路上我处处留意，但直至山顶，我发现，除我之外，根本没有什么圣人。"

贝里奇说："你说得很对，除你之外，根本没有什么圣人。因为，你自己就是圣人。"

20 年后，这位黑人小伙子做了美孚石油公司开普敦分公司的总经理，他的名字叫贾姆讷。在一次世界经济论坛峰会上，他作为美孚石油公司的代表参加了大会。在面对众多记者的提问时，关于自己传奇的一生，他说了这么一句话："发现自己的那一天，就是人生成功的开始。能创造奇迹的人，真的只有自己。"

人们日常生活中使用最多的一个词是"我"，最视而不见的也是"我"。一个看不见"我"的人既不知道自己在做什么，也不知道自己能做什么。因为对自己没有信心，所以看不清自己，就只会崇拜他人，崇拜偶像，让自己消失在自己的眼前。

看不见自我的人，不会有个性，也不会有理智和勇气，更不可能有人生的目标。而跳出思维的框框，正确认识自我，天地才能宽广。而"画地自限"，只会困住自己；跳出框框，才能看见更深远的天地。

1968 年的墨西哥奥运会上，一位年轻的美国选手迪克·福斯贝利在跳高时采用背对跳杆的方式，而所有其他竞争者都是采用由来已久的俯卧式跳高。迪克·福斯贝利的做法让很多人大为震惊。记者采访他的时候，他说，"在接受训练的时候，他就想一个问题：跳高有更好的方式吗？我只能用俯卧式吗?"接下来，他开始做试验，寻找更好的跳高方式。最终他找到了。那一届的奥运会，他赢得了金牌，并改变了这项运动。从此崭新的背式跳高方法出现在体育场上。

不仅运动是这样，在任何事上，"永远要做自己"的人一定会用灵活的思维方式去思考，而这样的人常常会有意想不到的收获。

1823 年，在英国南部城市威尔士的一个小城镇，一户穷困潦倒的农家，一个瘦小的女婴呱呱坠地。她不合时宜的降临，在愁眉不展的父母看来，只是让本已穷困的家中又多了一张吃饭的嘴。更让父母苦恼的是女孩两岁那年，左脸上突然生出一颗指甲大的黑痣，让她那张本来就不好看的脸变得更丑陋了。

来自亲人和周围人们的歧视目光，让从小自卑感便很重的女孩变得更加抑郁了，她常常久久地望着远方发呆。父母更加不喜欢她了，只让她念了 4 年书，便让她去一家农场做工。女孩默默地听从了父母的安排，每天除了拼命地干活，一有空闲，她就躲到一个角落里，痴迷地读着能够找到的各种书，似乎只有沉浸在书籍的海洋中，她才可以忘却生活中那无尽的烦恼。如果不是因为那突如其来的预言，女孩十有八九会像许多贫苦的农家孩子一样，默默无闻地走过凄苦的一生。

别说不可能，信念改变人生

女孩命运的改变是在她13岁那年的春天。一位当时牛津大学赫赫有名的哲学家，偶然在那家农场的草垛旁，看到了正在全神贯注读书的女孩。他不容置疑地对身旁的人说："哎呀，这个小女孩双目有神，心智非凡，将来肯定是这个小镇上最有出息的人，她脸上的那颗黑痣，其实是一颗幸运星。"

"真是那样的吗？"哲学家的预言像一块巨石，砸在了女孩的父母和众人平静的心海里，他们不约而同地打量起平时谁都不愿意多瞧几眼的女孩。

许多事情就是从那时突然变得奇怪起来——丑丑的女孩虽然没有一下子美丽多少，但却似乎变得可爱了许多，众人纷纷搜寻旁证，来附和哲学家的判断，以证明女孩的确与众不同。众口一致的赞赏，深深地鼓舞了女孩的父母，他们像拣到了金子一样兴奋起来，女孩脸上那个讨厌的去不掉的黑痣，在父母的眼里也陡然成了一种智慧的象征。接下来，一连串的幸运降临到女孩的头上——本镇最好的学校主动邀请她免费入学，一位大农场主登门认她为干女儿，为她提供了最好的学习条件，并帮助她一家人走出了贫困的状况。

"女孩是神童"的说法还在不断地向四处传播，女孩陷入了众人的羡慕和激励的包围之中，她一天天地自信、开朗起来，她的笑容一如阳光般灿烂，她的学习成绩一年比一年优异，她成了校园里的活跃分子，她的组织能力在同学中间出类拔萃。女孩脸上的那颗黑痣随着她的长大似乎又扩大了一点儿，但这并没有妨碍许多英俊的男士频频向她示爱，她真的由丑小鸭变成了美丽的白天鹅。

后来，女孩取得了剑桥大学的博士学位，成了著名的爱丁堡大学当时最年轻的女教授和一名很有影响的社会活动家，再后来，她还做了伦敦市的市长助理。随着时光的流逝，几乎已没有人记得女孩卑微的出身和她凄惨的童年，人们把更多的敬慕和赞赏投给了一步步迈向更大成功的女孩。

女孩35岁那年突然病逝，许多人不禁扼腕痛惜，因为她即将被提名为皇家科学院院士。后来，一位医生道出了女孩死亡的原因——是女孩脸上的那颗黑痣发生了癌变，癌细胞侵入了脑组织里。但此时，已经没有人在意这一点了，人们到处传颂的是女孩脸上的那颗黑痣，乃是上帝赐予的象征智慧和才干的幸运星，人人都在羡慕女孩，都在渴望自己也拥有一颗那样神奇的黑痣。

哲人的一句话改变了女孩的命运。女孩从此受到重视，从此建立了自信。最终她成功了，从一只"丑小鸭"变成了一只美丽的天鹅。所以，只要拥有自信，没有什么不可能。

伟大的心理学家阿佛瑞德·安德尔说，人类最奇妙的特性之一就是"把负的力量变为正的力量"。

有一位快乐的农夫买下一片农场时，却觉得非常沮丧。因为那块地既不能种水果，也不能养猪，能生存的只有白杨树及响尾蛇。但他想到了一个好主意，他要利用那些响尾蛇创造财富。他的做法使每一个人都很吃惊，他开始做响尾蛇肉罐头。不久，他的生意就做得非常好了。

这个村子现在已改名为响尾蛇村，是为了纪念这位把有毒的毒蛇做成了甜美罐头的那位农夫。

现今，当我们研究那些成功的人成功的原因时，就愈加深刻地感觉到，他们成功的必然性。成功者不计较那些阻碍他们前进的障碍，反而视障碍为前进的好机会，从而得到更多的经验、鼓励以及成功的"资本"。

有一年，世界著名的小提琴家欧利·布尔在巴黎举行一次音乐会，弹奏中，他小提琴上的 A 弦突然断了。然而，欧利·布尔没有停止，居然用另外的那三根弦演奏完了那支曲子。事后他说"这就是生活，如果你的 A 弦断了，就用其他三根弦把曲子演奏完。"让我们记住这句话，只要自己不放弃，就能让自己创造出奇迹。

扫除灵魂的黑洞

心灵是每个人打开世界的一扇窗口。很多时候，人们因为自己的心灵蒙尘，使灵魂出现了黑洞，那时人们就会感觉到彷徨无助。所以，让心灵去飞翔，扫除灵魂的黑洞，你的脚步才会前进。

漆黑的夜晚，一个远行的苦行僧走到一个荒僻的村落中。街道上，络绎的村民们你来我往。苦行僧转过一条巷道，他看见有一团晕黄的灯光从巷道的深处静静地亮过来。身旁的一位村民说："瞎子过来了。"

苦行僧百思不得其解。一个双目失明的盲人，他没有白天和黑夜的一丝概念，他看不到鸟语花香，看不到高山流水，也看不到柳绿桃红的世界万物，他甚至不知道灯光是什么样子的，他挑一盏灯笼岂不令人迷惘和可笑？

那灯笼渐渐近了，晕黄的光芒游移到了僧人的芒鞋上。百思不得其解的僧人问："敢问施主真的是一位盲者吗？"那挑灯者说："是的，从踏进这个世界，我就一直双眼混沌。"

僧人问："既然你什么都看不见，那你为何挑一盏灯笼呢？"盲人说："现在是黑夜吧？我听说在黑夜里没有灯光的映照，那么满世界的人都和我一样是盲人，所以我就点燃了一盏灯笼。"

别说不可能，信念改变人生

僧人若有所悟地说："原来您是为别人照明？"盲人说："不，我是为自己！"

"为你自己？"僧人又愣了。

盲人问僧人道："你是否因为夜色漆黑而被其他行人碰撞到？"

僧人说："是的，就在刚才，还被两个人不留心碰撞过。"

盲人说："但我就没有。虽说我是盲人，我什么也看不见，但我挑了这盏灯笼，既为别人照了亮，也让别人看到了我自己，这样，他们就不会因为看不见我而碰撞我了。"

这个故事可谓寓意深远。这样的人如果在社会中多了，社会文明的程度就高。生活中总有挫折、磨难和种种不如意的事情，人们总是自觉不自觉地走进一个个生活误区。所以，常把心灵的窗户打开，让光明照进来，驱除心里的黑暗和阴霾，点亮属于自己的那一盏灯，既照亮了别人，更照亮了自己。

在美国艾奥瓦州的一座山丘上，有一间不含任何合成材料完全用自然物质搭建而成的房子。里面的人需要依靠人工灌注的氧气生存，并只能以传真与外界联络。

住在这间房子里的主人叫辛蒂。1985年，辛蒂还在医科大学念书，有一次，她到山上散步，带回一些蚜虫。她拿起杀虫剂为蚜虫去除化学污染，这时，她突然感觉到一阵痉挛，她原以为那只是暂时性的症状，谁料到自己的后半生就从此变为一场噩梦。

这种杀虫剂内所含的某种化学物质，使辛蒂的免疫系统遭到破坏，使她对香水、洗发水以及日常生活中接触的一切化学物质一律过敏，连空气也可能使她的支气管发炎。这种"多重化学物质过敏症"

是一种奇怪的慢性病，到目前为止仍无药可医。

患病的前几年，辛蒂一直流口水，尿液变成绿色，有毒的汗水刺激背部形成了一块块疤痕。她甚至不能睡在经过防火处理的床垫上，否则就会引发心悸和四肢抽搐——辛蒂所承受的痛苦是令人难以想象的。

1989 年，她的丈夫吉姆用钢和玻璃为她盖了一间无毒房屋，一个足以逃避所有威胁的"世外桃源"。辛蒂所有吃的、喝的都得经过选择与处理，她平时只能喝蒸馏水，食物中不能含有任何化学成分。

多年来，辛蒂没有见到过一棵花草，听不见一声悠扬的歌声，感觉不到阳光、流水和风的快慰。她躲在没有任何饰物的小屋里，饱尝着孤独之苦。更可怕的是，无论怎样难受，她都不能哭泣，因为她的眼泪跟汗液一样也是有毒的物质。

坚强的辛蒂并没有在痛苦中自暴自弃，她一直在为自己，同时更为所有化学污染物的牺牲者争取权益。辛蒂生病后的第二年就创立了"环境接触研究网"，以便为那些致力于此类病症研究的人士提供一个窗口。1994 年辛蒂又与另一组织合作，创建了"化学物质伤害资讯网"，保证人们免受威胁。目前这一资讯网已有 5000 多名来自 32 个国家的会员，不仅发行了刊物，还得到美国上议院、欧盟及联合国的大力支持。

在最初的一段时间里，辛蒂每天都沉浸在痛苦之中，想哭却不敢哭。随着时间的推移，她渐渐改变了生活的态度，她说："在这寂静的世界里，我感到很充实。因为我不能流泪，所以我选择了微笑。"

别说不可能，信念改变人生

生活并非都是定局，如果你不喜欢，一切都可以改变！我们每个人，无论做什么，随着岁月尘霾的飘浮，心灵里也会积满各种各样的"垃圾"和"尘埃"，只有定期打扫和洗涤自己的思想，清除心灵中的垃圾和尘埃，才不至于使思想和心灵积满灰尘，才能更好地工作和生活，才能更好地享受工作的快乐和生活的幸福。

成功最大的敌人，便是思想的不健康，便是以消极的心情来对待自己的生命。其实，生命中的一切成功，全靠我们的正能量完成，全靠我们对自己有信心、有勇气地做事，全靠我们对自己有一个乐观的态度。唯有如此，方能成功。

每个人都不是"无所不能"的，尽管每个人的人生只属于自己，但是，只要对自己有信心，我们就会"无所不能"。当然每个人的命运和遭遇都可能会大相径庭，但想要一个怎样的人生一定要靠自己去打拼。

卡尔·赛蒙顿是美国一位专门治疗晚期癌症病人的著名医生。在他的从医生涯中，有这样一则有趣的故事。

有一次，赛蒙顿医生治疗一位 61 岁的癌症病人。当时这位病人因为病情的影响，体重大幅下降，瘦到只有 98 磅，癌细胞的扩散使他无法进食，甚至连吞咽都很困难。赛蒙顿医生告诉这位患者将会全力为他诊治，帮助他对抗恶疾。同时每天将治疗进度详细地告诉他，并清楚讲述医疗小组治疗的情形，及他体内对治疗的反应，使得病人对病情得以充分了解，并缓解不安的情绪，充分和医护人员合作。结果治疗情形出奇的好。赛蒙顿医生认为这名患者实在是个理想的病人，因为他对医生的嘱咐完全配合，十分合作，使得治疗过程进行得十分顺利。更关键的是，赛蒙顿医生教这名病人运用想象力，想象他体内的白血球大军如何与顽固的癌细胞对抗，并最后战胜癌细胞的情景。结果数月之后，医疗小组果然抑制了癌细胞的破坏性，成功地战胜了癌症。对这个杰出的治疗结果，就连医生、护士们都感到惊讶。

其实医护人员不必惊讶，那位医生对患者说的那句话至关重要。"你对自己的生命拥有比你想象的有更多的主宰权，即使是癌症这么难缠的恶疾，也能在你的掌握之中。事实上，人们可以运用心灵的力量，来决定自己的生与死。甚至，如果你选择活下去，你可以决定要什么样的生活品质。"

是的，我们对自己的生命有比想象中有更多的主宰权，人的思想好比一位三军统帅，领导着你身体内的各路大军，去战胜、消灭那些不受欢迎的敌人。当然，作为一个统帅要有过人的自信和勇气去面对一切的困难和挑战。

一个正常的人完全可以控制自己的思想和行为，所以你有能力对自己头脑所接收的信息进行思考。当某一信息闪入你的头脑时，你完全有能力对其进行取舍，甚至予以排除，不接受这种信息，以控制自己的精神世界。人千万不要在大脑中形成这样的观念：一遇到难做的事情时，自己应该具有怎样的一种心情；更不要听信别人对你说的下列这些话："你应该笑"，"你应该哭"。

想把自己的生活过成什么样子，自己的态度最重要。

控制好情绪，构建快乐人生

一个人的情绪是心态的表现，控制好心态，就控制好了情绪。

你知道 EQ 吗？它是情绪商数的简称，代表的是一个人的情绪智力的能力。一个人的 EQ 对这个人的生活、事业有着非常重要的影响。一项针对全美 500 强大企业员工所做的调查发现，一个人的 IQ（智商）和 EQ（情商）的高低对他在生活、事业上成功的贡献比例为 1∶2，也就是说，EQ 对生活、事业的影响是 IQ 的两倍。这真不是危言耸听。

艾瑞克最近有点烦。公司给他所在的团队布置了一个很大的项目，艾瑞克看了很多资料，收集了很多数据，写出了一个自我感觉良好的方案。在开会的时候，他向组里的成员说了自己的想法，可是大家似乎都有一些大大小小的反对意见。为此，艾瑞克据理力争，结果那次会议不欢而散。在之后的几次会议中，艾瑞克又觉得别人提出的想法并不符合自己的想法，没有自己的想法好，于是他再次大胆地提出自己的不同意见，结果还是不欢而散。现在组里的人好像在刻意疏远他，在他的感觉里是其他人有意不赞同自己的意见，有事也不和他商量。这使他很苦恼，他很想对他的组员说，其实他说的话都是对事不对人的，他只是想把工作做得更好一些……

一个多世纪之前，爱迪生说过这样的话："多数人都是寂静地活在消沉之中。" 100多年过去了，很不幸，今天他这句话比当时更适用于我们——我们的生活中竟然有那么多人对自己的人生感到无奈，这种无奈，很多来自情绪上的"低落"。

很多人有个错觉，认为情绪是完全无法控制的。这个错觉使很多人视情绪如病毒，于是当人们的"心理体质"不佳时，病毒就会侵入人们的肌体；还有人认为情绪是个看不透的东西，是人们所不能掌握的。这些看法都是错误的。心理学家发现，日常人们处理情绪的方法大致有下面三种：

1. 逃避

我们每个人都希望避开痛苦的、烦恼的情绪。譬如说，有些人害怕失望，因此极力想避开会导致失望的情况——如畏惧于拓展人际关系、不敢接受具有挑战性的工作等。但避开不理或采取视而不见都不是好方法。

积极的做法是，直面问题，从负面的情绪中挖掘它正面的意义及功能。

2. 掩饰或否认

有些人经常不愿让恶劣的情绪为他人所知晓，因此会经常掩饰说："我并不觉得有那么糟。"然而，他们的心里却一直惦记着这些事：为什么自己就那么"衰"？为什么别人会想占自己的便宜？或为什么自己已经尽了力结果却仍不如意？他们纠缠于内心的煎熬与表面的强装没事。

人如果真的遇上不如意，却想一味地隐瞒，这不仅于事无补，反而会带给自己更多痛苦；如果一味不理情绪所带来的负面信息，那也不会使你觉得更好受，反倒更加强了负面的情绪，直到最后你不得不正视。

处理这类情绪最好的方法是不掩饰、不否认，而应是去了解它的成因，从其中找出有利于你的策略。

3. 屈服

有些人对待痛苦等情绪很容易便屈服，甚至甘于被其俘虏。其实，屈服的态度容易让他人觉得你软弱，而有些屈服也不能解决问题。屈服不是妥协的同义词，适当的妥协是对的，但对任何事屈服则是软弱的表现。

人的情绪像一个指南针，指引人走的方向。所以，如果你不了解如何使用这个指南针，就有如行驶在心理的狂风暴雨之中，永远找不出一条"脱困"的航线。

心理学家许多治疗理论都是基于这个假设——情绪是我们的敌人，要想治疗，就唯有回归过去。这个假设实际上是错的。

弗洛伊德的心理分析一直想挖掘人过去那些"深埋且隐藏的秘密"，其原因就是认为用过去能够解释现在的问题。然而如果人总纠缠于过去，势必大脑被"过去"所笼罩，心理被"过去"所充斥。所以，忘掉"过去"，其实在当今这个社会是非常重要的，即"我的过去并不等于未来。"这种观念容易让人向前看，而忘掉"过去"，重新开始，会使人生过得更好。

情绪是人都有的，对待不良情绪应正确处理。偶尔愤怒、痛苦、失落，甚至着急，做出过激行为是可以的，但一定要学会把控情绪，学会从不同的角度去看待问题或人，这样结论会不尽相同，心情也会不一样。

现实生活中，人都存在积极性和消极性，当你遇到不顺心的事情时，如果只看到消极的一面，心情自然会低落、郁闷。如果你换个角度，从积极的一面看待，说不定就能帮你走出心情的低谷，变得平静、开朗起来。因此，如果遇上让自己不愉快的事情，可以选择换一个角度来看问题，说不定是另外一片海阔天空呢！

如果停在现有水平就是倒退

成长，在于每一天的获得和积累；提高，在于每一天的学习和努力，所以人要学会在不同的阶段自我进步。卡耐基曾说过："杰出的人不是那些天赋很高的人，而是那些把自己的才能在尽可能的范围内发挥到最高限度的人。"

1965 年，一个 19 岁的美籍犹太青年考入了加州大学长滩分校，攻读电影及电子艺术专业。大三时，这个狂热地做着导演梦的小伙子拍了一部 24 分钟的短片，讲的是一对在沙漠相遇的年轻恋人的故事。

那时，环球影视公司是每一个人想进入好莱坞的电影人梦中的圣地。1969 年，该公司的行政长官西德尼·乔·辛伯格偶然看到了这个青年拍的爱情短片。影片刚一放完，辛伯格便激动地对他助手说："我认为它棒极了！请你尽快安排这个导演来见我。"

第二天，助手向他报告："这个青年并不是导演，只是个大三学生。"辛伯格回答："我不管他是什么，我要见他！"

一个星期后，辛伯格见到了这个青年。

"我喜欢你的电影。我们签个合同吧。"辛伯格开门见山地发出邀请。

青年犹豫地说："可我是犹太人，我才读大三，还有一年才毕业呢。"青年知道，以他这个年龄想当上好莱坞大公司的电影导演几乎是不可能的，所以，有点信心不足。

"你是想上大学还是想当导演？"辛伯格问。

一分钟，仅仅是一分钟，青年的头上已经开始冒汗……

辛伯格当然明白，犹太人是一个非常重视教育的民族，大学未毕业就出来工作，这是他们不可想象的事情。当天下午，青年与辛伯格所在的环球影视公司签订了一份标准的"自愿服务7年"合同。在合同的限制下，青年等于是把自己的每一分钟都"卖给"了环球影视公司。有人戏言，只有神经不正常的人或者有着疯狂野心的人才会签这种合同。这份合同对辛伯格来说也是一场豪赌：让一个名不见经传，甚至大学尚未毕业的人做导演，这可是环球影视公司从未有过的事。

然而，不论是这个青年还是辛伯格，他们都赌赢了。正是这个青年陆续拍出了《大白鲨》、《外星人》、《侏罗纪公园》、《辛德勒名单》等传世杰作。这位青年名叫斯蒂芬·斯皮尔伯格，电影史上一个辉煌的名字。

人的一生会经历无数次的选择，斯皮尔伯格选择当导演，他付出了辍学、来自家庭的不理解以及长达7年的"不自由身"。然而，没有这些代价，没有疯狂追逐梦想的勇气，他是不可能取得后来的成功的。

西点军校第一任校长，乔纳森·威廉斯曾说过："不管你有多么伟大，你依然需要提升自己，如果你停止在现有的水平上，实际上你是在倒退。"人生成功的路不止一条，成功的标准也不止一个。有勇气不断超越自己，有勇气不断挑战自己的人，才有可能跻身于成功者的行列。而这一切离不开小到言谈举止，大到人生态度的主动自我提升。

很多大型鸟类在起飞之前都要先助跑一段距离，但鹰不是。鹰在开始振翅的一刹那就已经腾空，所以，它们能够用利爪擒获猎物。

鹰的巢建在悬崖上。当小鹰们需要学习飞行时，它们不能像其他鸟类那样可以在平地上蹒跚学步，助跑，然后起飞。在小鹰的羽毛丰满前，鹰妈妈会示范各种飞行动作让小鹰看，但不允许小鹰乱动——因为它们可能会摔下去。等到小鹰的羽毛基本长成，它们跃跃欲试时，又会对悬崖下面的山谷充满恐惧。此时，鹰妈妈会对小鹰说："来吧，你该飞了。"鹰妈妈用她巨大的翅膀一扇，小鹰从悬崖上被甩了出去！小鹰尖叫着下坠，很快展开了翅膀。一下，两下，小鹰在上升气流中找到了平衡，它稳住了，可以滑翔了，它再加快扇动翅膀的频率，学会俯仰。小鹰飞翔起来，它飞到悬崖的上面，远远超越了山顶的高度，小鹰在天空中快乐、骄傲地盘旋。它明白了鹰妈妈教给他的东西：勇气。

征服畏惧、建立自信的最快最便捷的方法，就是去做你害怕的事，直到你获得成功的经验。不断学习，自我激励，是个人进取心的具体表现，是努力向前立志有所作为的表现。主动作为一种心理品质，是克服困难不可少的要素，它会使人进步，并且会给人带来机会。在成大事者看来，个人进取心可以创造机会。

因而，人只有具备积极的自我意识，具备主动的进取精神，才会知道自己是个什么样的人，才能积极地发挥和利用自己身上的巨大潜能，干出非凡的事业来。

在学校读书时，他不论是法语还是别的外语，都不能正确地书写，成绩也一塌糊涂。而且，少年的他还十分任性。但后来，在他的自传中，他这样写道："我是一个固执、鲁莽、不认输、谁也管不了的孩子。我使家里所有的人感到恐惧。受害最大的是我的哥哥，我打他、骂他，在他未清醒过来时，我又像狼一样疯狂地向他扑去。"不仅如此，他还袭击比他大的孩子。他家里的人都骂他是蠢材，人们都称他"小恶棍"。可是，在这个遭人白眼的孩子内心中，随着年龄增长，正确的信念悄悄渗入他的大脑并改变着他的行为。

后来，他的行动变得理智、果断而敏捷，终有一天，他明白无误地告诉自己："是的，我具有出色的军事家的素质，我要往正确的方向前进。"35 岁时他登上了法国皇帝的宝座。

他的奋斗过程告诉我们：人的积极的自我意识形成的过程是不断和现实抗争的过程，是不断地认识自我、超越自我的过程。我们每个人在为自己设定奋斗目标的时候，目标的困难度取决于对自己的要求和要完成目标的认识。设定具有挑战性的目标可以提高人的创造力，可以使人不断地发展自己的能力，超越自己现在的水平。

有一天，一只老虎在太阳下睡觉。一只小老鼠经过时碰到了它的爪子，把它吵醒了。老虎正要张嘴吃它，小老鼠哭道："哦，别吃我，请让我走吧，先生！有一天我会报答你的。"

老虎心里冷笑，小小的老鼠怎么可能帮一只老虎呢？但这只老虎是一只好心肠的老虎，就把老鼠放走了。

不久以后，这只老虎被一张网罩住了。它使出全身力气，使劲挣扎，但网太结实了。于是它大声吼叫，小老鼠听到了它的吼声，就跑了过去。

"别动，亲爱的老虎，我来帮你。我会把绳子咬断的。"

老鼠用它尖锐的小牙齿咬断了网上的绳结，老虎就从网里逃脱出来了。

"上次你还耻笑我呢！"小老鼠说，"你觉得我太小了，没法为你做什么事。现在，你看是一只可怜的小老鼠救了你的性命吧。"

在这个世界上，没有谁注定是强者，也没有谁注定就是弱者。认为自己是强者的人，就是强者；认为自己是弱者的人，就是弱者。我们要有自我肯定的勇气，要有不断在心灵深处给自己激励的勇气，要坚信这一点：你是自己的神，只有你能使自己成为强者，只有你能使自己真正成为自己的主人，创造出精彩的生活。

真正的强者，含着眼泪奔跑

真正的强者，不是不流泪的人，而是含泪奔跑的人。要想成为强者中的强者，就要"跑"过人生的低谷，哪怕脚掌被磨破，哪怕双眼含着泪。

西班牙港口城市巴塞罗那有一家著名的造船厂。这个造船厂从建厂的那一天开始，就立了一个规矩，所有从造船厂出去的船舶都要造一个模型留在厂里，并把这只船出厂后的命运由专人刻在模型上。厂里准备了专门的房间来陈列船舶模型。此造船厂历史悠久，所造船舶的数量不断增加。所以，陈列室也逐步扩大变成了现在造船厂里最宏伟的建筑，里面陈列着将近 10 万只船舶模型。

所有走进这个陈列馆的人，都会被那些船舶模型所震慑——不是因为船舶模型的精致和千姿百态，也不是因为感叹造船厂悠久的历史和西班牙对航海业的贡献，而是因为每一个船舶模型上面所刻的文字！

有一个名叫"西班牙公主"的船舶模型上刻的文字是这样的：本船共计航海 50 年，其中 11 次遭遇冰川，6 次遭海盗抢劫，9 次与另外的船舶相撞，21 次发生故障抛锚搁浅……

别说不可能，信念改变人生

在陈列馆最里面的一面墙上，有对造船厂所有出厂船舶的概述：造船厂出厂的近10万条船舶当中，有6000条在大海中沉没，有9000条因为受伤严重不能再修复航行，有6万条船舶遭遇过20次以上的大灾难。可以说，没有一条船从下海的那一天没有过受伤的经历……

现在案例中这个造船厂的船舶陈列馆，早已突破了原来的意义，成为西班牙人教育后代获取精神力量的象征。这也正是西班牙人吸取智慧的地方：所有的船舶，不论用途是什么，只要到大海里航行，就会受伤，就会遭遇灾难。

人的一生也是一条船——没有人喜欢风浪，没有人希望受伤，可是只要不停止航行，就会遭遇风险。这个世界没有风平浪静的海洋，没有不受伤的船。因而，我们也要敢于直面风浪，勇于解决问题，甚至接受创伤！

生命中有很多不幸的事常不以人们的意志为转移地发生了。我们无法选择，无法逃避，只能接受它。而接受意外的伤害，接受生命中的每一次打击，接受困苦的折磨……都不是快乐的事，但是磨难也会升华我们的灵魂、净化我们的心。有这样一个感人的故事：

有一天，上帝宣旨说，如果哪个泥人能够走过指定的那条河流，他就会赐给这个泥人一颗永不消失的金子心，赐给他天堂的美景。

这道旨意下达后，泥人们久久都没有回应。不知道过了多久，终于有一个小泥人站了出来。

"泥人怎么可能过河呢？你不要做梦了。"

"你知道，身体一点点失去时是什么感觉？"

"你将会成为鱼虾的美味，连一根头发都不会留下。"

然而，这个小泥人决意要过河。他不想一辈子只做个小泥人，他想拥有自己的天堂，想拥有一颗永不消失的金子心。但是他知道，要到天堂，得先过地狱。而他的地狱，就是他将要经历的那条河。

小泥人来到河边，犹豫了片刻，他的双脚终于踏进水中。一种撕心裂肺的痛楚顿时覆盖了他，他感到自己的脚在飞快地溶化，灵魂正一分一秒地远离自己的身体。

"快回去吧，不然你会毁灭的！"河水咆哮着说。

小泥人没有回答，只是沉默着忍受剧痛往前挪动，一步，又一步。迈步的过程中，他逐渐明白，他的选择使他连后悔的机会都没有了。如果倒退上岸，他就是一个残缺的泥人；如果在水中迟疑，只能加快自己的毁灭。而上帝给他的承诺，却遥不可及。

小泥人孤独而倔强地走着。这条河真宽啊，仿佛耗尽一生也走不到尽头。他向对岸望去，看见了美丽的鲜花、碧绿的草地和快乐飞翔的小鸟。也许那就是天堂的生活，可是他付出了一切也似乎不能抵达。

上帝没有赐给他出生在天堂成为花草的机会，也没有赐给他一双小鸟的翅膀。但是，这能怨上帝吗？上帝允许他做个泥人，这也很不错，但他却放弃了原本安稳的生活。

小泥人继续向前挪动，一厘米，一厘米，又一厘米……鱼虾贪婪地咬着他的身体，身体的松懈使他摇摇欲坠，有无数次他都被波浪呛得几乎窒息。

小泥人真想躺下来休息一会儿啊。可是他知道，一旦躺下来，他就会永远站不起来了，连痛苦的机会都会失去。

别说不可能，信念改变人生

他只能忍受，忍受，再忍受。奇妙的是，每当小泥人觉得自己就要死去的时候，总有什么东西使他能够坚持到下一刻。

不知道过了多久——简直就到了让小泥人绝望的时候，他突然发现，自己居然上岸了。他如释重负，欣喜若狂，正想往草坪上走，又怕自己身上的泥土玷污了天堂的洁净。

他低下头，开始打量自己，却惊奇地发现，他的身体已经不再是泥土了——他已经拥有了一颗金灿灿的心！

假若有机会从一个泥人变成一颗有金灿灿的心的人，为什么不去尝试？哪怕河道再宽，哪怕河水再急，闯过去，就是天堂。生活其实就是去蹚过这样一道又一道的河。

我们在生活中还是工作中，都难免会遇到挑战。这时，我们是迎接挑战，还是犹豫不决呢？没有渡不过的河，没有翻不过的山，虽然生活中的挑战是五花八门的，但没有一种魔法能够应付所有的挑战，只有靠毅力、坚韧去迎接。

很多人喜欢把被子拉起来捂住自己的头，希望问题自己溜走，这种做法是不足取的。任何问题迫在眉睫时，一定要动员自己内在的巨大的防御力量，衡量问题的大小，对它进行正确分析。这样做，你会觉得，问题远不如它外表看起来那样可怕。

戴尔·卡耐基曾在他的著作中说，生活中很多人到他那里去诉说他们在公务上或者经济上、生活上遇到的苦恼。经过认真的倾听，卡耐基发现，他们大多在遇到问题时不能正视自己，从而使他们处理问题的判断力受到削弱，他们在处理问题上能量常发生"短路"。因而，卡耐基认为，遇到解决不了的事不是丢人的事，千万不能掩盖自己的

"麻烦"。有人说："这是我个人的问题，应当由我自己处理。"但事实上，很多事单靠个人解决也是不现实的，谁都需要帮助。

一位美国作家在遭受一连串严重的个人打击之后，认为自己再也不能写作了。他把他的事告诉给了他的一个朋友，并且加上一句："别对我说那些陈词滥调或者什么劝告，我作为一个作家已经彻底完蛋了。"

"那好。"那个朋友说，"我不给你什么劝告，但是我要给你说说我曾经读过的关于诗的定义，诗歌是密尔顿成为盲人之后所写的。"

那个朋友说过后，这个作家又回到了他的打字机旁。今天，他已经是举世闻名的作家了。

挫折、磨难是人生要阅读的一本本书，也是一部部具有启迪性的教材，虽然我们可能在它面前会痛苦落泪，但它能教给我们怎样去走好人生之路；有人说，磨难是一块磨刀石，它能不断磨炼你的意志，使你更加成熟、更加坚强。

不为"比较"活着

人的一生，不是得就是失；得中有失、失中有得。人就是在得失之间，才能细细品味自己的人生。

大卫是纽约一家报社的记者，由于工作的缘故，经常去外地跑新闻。一天，他又准备到外地采访，像往常一样，收拾好行李，一共3件，一个大皮箱装了几件衬衣、几条领带和一套讲究的晚礼服。一个小皮箱装采访用的照相机、笔记本和几本工具书。还有一个小皮包，装一些剃须刀之类的随身用品。然后，他像往常一样和妻子匆匆告别，奔向机场。

到了机场，工作人员通知他，他要搭乘的飞机因故不能起飞，他只好乘下班飞机。在飞机场等了两个多小时，他才搭上飞机。

飞机起飞时，他像往常一样，开始计划到达目的地行程安排，利用短暂的时间做好采访前的准备。正当他投入工作时，飞机突然像遭袭击般剧烈地震荡了一下，接着，又是几下震荡，他的第一个反应是：遇到了故障。

空中小姐告诉大家系好安全带，飞机只是遇到了气流，一会儿就好了。大卫靠在坐椅上，也许是出于职业的敏感，从刚才的震荡中，他意识到飞机遇到的麻烦不像空中小姐说的那么简单。果然，飞机又接连几次震荡，而且越来越剧烈。这次，乘务员站在机舱里，告诉大家，飞机出了故障，已经和机场取得联系，设法安全返回。现在飞机正在降落，为了安全起见，乘务员要求乘客把行李扔下去，以减轻飞机的重量。

大卫把自己的大皮箱从行李架上取下来，交给乘务员扔下去，又把随身带的皮包交出去，飞机还在下落，大卫犹豫片刻，才把小皮箱扔下去。这时，飞机下落的速度开始减慢，但依然在下落，机上的乘客骚动起来，婴儿开始哭叫，几个女人也在哭泣。

大卫深深吸了一口气，尽量使自己保持平静，但他想起妻子，早晨告别时太匆忙，只是匆匆地吻了一下，假如他们就此永别，这将是他终生的遗憾。他把随身的皮夹、钢笔、小笔记本掏出来，匆匆给妻子写下简短的遗书："亲爱的，如果我走了，请别太悲伤，我在一个月前刚买了一份意外保险，放在书架上第一层那几本新书的夹页里，我还没来得及告诉你，没想到这么快就会用上。如果你从我身上发现这张纸条，就能找到那张保险单的。原谅我，不能继续爱你。好好保重，爱你的大卫。"写完后，大卫开始以最大的毅力驱除内心的恐惧，并帮助工作人员安慰那些因恐惧而恸哭的妇女和儿童，帮着大家穿救生衣。然后，大卫在一阵刺耳的尖叫混合着巨大的轰隆声中感到一阵撞击，他在心中和妻子、亲人做最后的告别。

不知过了多长时间，大卫睁开眼睛，周围一片哭喊，发现自己还活着。他一下跳起来，眼前的一切惨不忍睹，有的人倒在地上，有的人在流血，有的人痛苦地呻吟，他连忙加入救助伤员的队伍。当妻子

别说不可能，信念改变人生

哭着向他奔来的时候，他还抱着不知是谁的孩子。这一回，他长长地吻着早晨刚刚离别却仿佛像离别一世的妻子。

那一次，只有三分之一的乘客得以生还，而大卫竟然毫发无损。当然，他损失了 3 件行李，损失了一次采访好新闻的机会，不过，他登上了纽约各大报纸的头版。

其实，人生并不需要太多的行李，只要一样就够了——爱，这就是我们生活的最大意义。人生幸福的最大化，就是在得到和失去之间找一个最好的平衡。希望得到什么？希望失去什么？每个人的答案都不一样。

比利·鲍尔曾是美国得克萨斯州一家建材市场的搬运工，45 岁那年，他赢得了总额高达 3100 万美元的彩票头奖。两年后，他拥有了 7 处房产和 5 辆崭新的汽车。但也就是当人们认为他已经拥有一切的时候，他却把自己关在了漂亮牧场豪宅的 7 间浴室的其中一间里，脱去衬衫，向着自己的心脏开了一枪，当场死亡。

这个故事的开头是让人惊喜甚至是令人羡慕的，但结尾却可以用悲惨来形容。"为什么"几乎是所有人听到后都想问的问题。一个获得了巨大幸运的人，一个因为获得而改变自己命运的人，却在最后选择了放弃一切，包括自己的生命。如果知道有后来的结局，他当时还会拼命去获得吗？

我们的心在我们长大后变得非常容易疲劳，非常容易迷茫，这个时候我们就要冷静地问问自己，我们在追求什么？我们活着是为了什么？如果我们只是忙忙碌碌地追求金钱、财富、地位，而无视身边的美好，那么幸福也会远离我们。

一个边远的山区里，有两户人家共用的空地上长着一棵枝繁叶茂的银杏树。秋天的时候，银杏果成熟了就会落在地上。孩子们捡回一些，却都不敢吃，因为当地人都认为银杏果有毒。

有一年，一户人家的主人去了一趟城里，才知道银杏果可以卖钱。于是，他摘了一袋背到城里，换回一大叠花花绿绿的钞票。银杏果可以换钱的消息不胫而走。于是，另一户人家的主人上门要求两家均分那些钱。但是，他的要求被拒绝了。情急之下，他找出土地证，发现这棵银杏树划在他家的界线内。于是，他再次要求对方交出卖银杏果的钱，因为这棵银杏树是他家的。对方当然不会认账，对方也开始寻找证据，结果从一位老人处得知，这棵银杏树是他曾祖父当年种下的。两家争执不下，谁也不肯让步，最终反目成仇。乡里也不能判断这棵树究竟应该属于谁，一个有土地证，白纸黑字，合理合法；一个有证人证言，前人栽树后人乘凉，理所当然。

于是，两人起诉到法院。法院也为难，建议庭外调解。两人都不同意，他们认为这棵银杏树本应属于自己，凭什么要和别人共享呢？案子便拖了下来。就这样案子延续了 10 年。每一年，双方都紧看住对方，不让对方采摘银杏果。甚至将掉落在地的银杏果一粒粒去数，然后平分。就这样，10 年过去了，一条公路穿村而过，两户人家拆迁，银杏树也被砍倒了，这场历时 10 年的纠纷才画上了句号。奇怪的是，当时两户人家谁也不要那棵树，因为树干是空的，只能当柴烧。

为了一棵树，他们竟然斗了 10 年！3000 多个本来可以快快乐乐的日子，却比不上一棵树重要？想想他们用来争执的时间和精力，去种一片银杏林都可以了。

别说不可能，信念改变人生

生活中，有些人在实现自己的人生价值时，会努力去追求一些自己以为很重要的东西，并为之付出艰辛的努力，甚至不惜放弃快乐、健康、爱情、友情等。但等到真正达到所谓的金钱至上或者利益至上的目标时，却发现自己变成了孤家寡人，一无所有。这就好比爬山，当你爬到一个高度的时候，你会发现在这个高度中原来自己是如此渺小；你可能觉得或许高处还有更好的风景，于是继续挣扎；再爬；再努力，如此反复，直到自己爬不动了为止。回头，却发现山下的人过着快乐的生活，山顶却一片荒凉和单调。高处不胜寒，想再回去，已经不可能了。

现实中很多人不快乐的原因，皆是因为对自己的得与失现况不满意。但是为什么会产生这种结果呢？真的是因为自己饥寒交迫吗？不是，很多人收入实际已经很高了，生活也很富足，但他们仍在追求，不停地追求，这盖源于他们的心理失衡，无法平和地看待自己的得与失，喜欢盲目的比较，甚至对得失看得太重。

有一位中年男子，拿了一大篓子鸡蛋在菜市场中央吆喝叫卖着，可是很多人走过来只看了一眼就走了。有一个妇人嘴里还直嘀咕："鸡蛋这么小！"男子看了看自己卖的鸡蛋，今天进的货确是小了点儿，但是现在货已进了又不能退。天气越来越热，再不快些卖掉这些蛋，蛋一变质就得全都扔了。这样一来岂不血本无归？

一天下来卖出去的蛋不多，男子心情烦闷地回到家中，喝了一小杯酒之后坐在椅子上发呆。中年男子的老婆看着愁眉苦脸的丈夫，拿起自己正在织的毛衣，坐在男子的身旁低着头织毛衣。

男子两眼无神，茫然注视着老婆纤细的手指，一上一下穿梭在毛线之间。忽然，他坐了起来，转身由篓子里拿起两个鸡蛋，将一个放在老婆的手中。

男子看看自己手中的蛋，再看看老婆手中的蛋，然后很高兴地说："明天你到菜市场卖蛋，我去卖别的东西。"

第二天，中年男子和老婆一大早就来到菜市场，他老婆纤细的手指在篓子里一边拨弄鸡蛋，一边吆喝："新鲜鸡蛋！快来买哟！"

中年男子也坐在老婆的身边吆喝，可是他吆喝的是："快来买好吃的巧克力豆哟！"

只见一大盒巧克力豆摆在鸡蛋旁边，显得鸡蛋大多了，再加上女人纤细的手指，鸡蛋看起来一点也不小。菜市场收市的时候，中年男子拿着空空的蛋篓，另一手搂着老婆笑得合不拢嘴。

在现实生活中，像这样因为比较的标准不同而让自己心态大相径庭的情况经常会遇到。

有位工薪族，见别人都花钱买房，也拿出半生的积蓄，买下了一套住房。当他拿到新房的钥匙之后，别提心里有多高兴了。对于租惯了房子的他来说，能住上这套新房，就如同进了天堂一样，全家人都觉得心满意足。然而，没过多久，当他发现所有邻居的住房都装修得富丽堂皇的时候，就立即觉得自己的家实在有点寒酸，于是就再也高兴不起来了。

因为买了新房子而高兴，但又因为自己没钱装修而烦恼，本来是同样的一件事，为什么内心的感受大不一样呢？这里的问题即出在比较的对象上。他先前之所以会高兴得睡不着觉，是因为与他新房比较的对象是租的居无定所的旧房；他后来之所以会高兴不起来，是因为与他新房相比的对象是邻居们豪华的"宫殿"。

生活中比较的对象不同，感受和结果也大相径庭。人的成就，不是以金钱、财富、地位来衡量，而是要使自己和家人的生活幸福。每个人最大的敌人不是别人而是自己，只有战胜自己，才能超越自己。那么，如何才能保持心灵的平静，体会自己的生活更有意义呢？下面几种方法值得借鉴：

（1）反省。中国古人大多采用自省方式让自己思想上精神上得到提升。人要经常反省自己，让自己的心健健康康。

（2）运动。参与体育运动无疑是一个很好的减压办法。无论激烈的奔跑，或者是在水中畅游、挥拍激战，人的肌肉是紧张的，神经却是放松的，大汗淋漓过后，你会得到彻底的放松。

（3）散步。心理学家研究证明，短短几分钟的散步就有明显的消除紧张的效果。不妨每天抽出半小时，找个公园或街心花园漫步。当你放慢了平时紧张的脚步时，你会发现原来周围的景色是如此美丽，你的心也会随之安静下来。

（4）听音乐。音乐不仅是人类通用的语言，也是很好的心理医生，现在的社会已经有了专门的音乐门诊，用音乐来治疗心灵的创伤。

（5）放弃烟酒。有许多男士喜欢下了班去酒吧抽烟喝酒。如果你是为了享受那种轻松的氛围倒也无妨，但是绝不可以用烟酒来麻醉自己的神经，寻求暂时的解脱。烟会上瘾，而酒精则会让人更紧张。

（6）浸浴。许多人都喜欢在临睡之前泡个热水澡，放松放松紧张了一天的身体，这确实是个好方法。静静地躺在水中，让放松的感觉慢慢地流淌到手臂、肩膀直至全身。水温宜在 37℃ 左右，时间在 15 分钟左右。当然，你还可以尝试一下中草药浴等洗浴手段。

（7）写日记。写日记是一个很好的发泄渠道。当你有了什么心事，又不便对他人提起，或者有什么委屈和愤怒，都可以用笔记下来。现在似乎写日记的人越来越少了，其实在写的过程中，人会感到情绪渐渐稳定下来，当初的冲动、激动慢慢平息下来。

（8）外出度假。周末或者假期，可以与家人或朋友到郊外或风景区去欣赏大自然的鬼斧神工，尤其是森林茂密的地区，负氧离子比城市多好几倍，是天然的氧吧。到大自然中呼吸新鲜的氧气效果比城里的"氧吧"效果会更好。

（9）放慢速度。把生活中的速度放慢，吃饭的时候细细品味，开车的时候不为堵车烦心，放下手中的工作喝一杯茶或咖啡，让自己定定神。人整个的节奏放慢下来，心情就会舒缓一些。

不退缩，人生永远在爬楼梯

勇气无价，争做第一

世界上无价的东西是什么？是勇气，因为它有摧枯拉朽的力量。那勇气是什么？勇气就是勇敢的基础，勇敢就是不屈不挠的精神，敢作敢为的行动。当我们决定做一件事的时候，心里常会有纠结，这时，勇敢地去做，有勇气地去做，就成了很关键的基础，如果你身上连勇气、勇敢都没有，那么你就永远不会成功。有句俗话说：一想二靠三落空，一想二干三成功。所以，想到就去做吧，没有几个成功者不是闯出来的。

社会瞬息万变，竞争日益激烈，生活中经常会出现很多令我们难以"招架"的事情，还有很多事做了却很担忧。而妄加忧虑或者恐惧都是我们的大敌。

卡耐基说，"当恐惧的想法开始侵占你思想的领地的时候，战胜它的第一步就是要鼓起勇气采取行动。"勇气像跳伞一样，让人难受的只是"等待跳"的那一刹那。人的勇气需要自我锻炼，这样，才能克服心中的恐惧，才能让自己的行动变得更有勇气。

一位经理人去拜会成功学大师·卡耐基。这位经理负责的是一个大规模的零售部门。

"我很苦恼，"他对大师说："我恐怕会失去工作了，我有预感，我要离开这家公司的日子肯定不远了。"

卡耐基问：你怎么有这种想法呢？"

他回答说："统计资料对我不利。我这个部门销售业绩比去年降低了7%，而全公司的销售额却增加了65%。商品部经理也责备我跟不上公司的进度。我已经丧失了掌控局面的能力，我的助理也感觉出来了，其他的主管也觉察到我正在走下坡路。我觉得自己是无能为力了，我很害怕，但是我仍希望有转机。"

卡耐基反问："仅仅是希望还不够吧？"没等对方回答，卡耐基又接着问："为什么不采取行动来支持你的希望呢？做你现在最应该做的事情，找出营业额下降的原因，想办法提高销售人员的热情……另外还要让你的助理打起精神，你自己也要振奋精神，而这一切需要你勇敢去做，你要用你的自信心来感染你周围的人。"

这时，这位经理显露出了一些自信。

卡耐基继续说："第二项行动是为了保险起见，你要留意更好的工作机会。你在采取积极的改进措施、提高销售额后，不一定能保住工作。但是骑驴找马，比失业了再找工作要容易十倍。"

这位经理点了点头，谢过卡耐基走了。

过了一段时间后，这位经理打电话给卡耐基说："上次见过你以后，我就开始努力改进。我最重要的步骤就是改变我下面推销员的状态。我现在每天开早会。我的助理也充满了干劲，他们看我勇气倍增信心坚定，也愿意更努力。成果当然也出现了。我们上周的周营业额比去年同期高很多，而且比所有部门的平均业绩也好很多。"

在恐惧和挫折面前浑身发抖、低头的人很多，而成大事者恰好与之相反，他们鼓足勇气，坚忍不拔，反复与之周旋较量，最终取得成功。而他们无时无刻不在用勇气、勇敢改变自己的命运的精神值得我们学习。

曾经听过一位老太太的故事，在她 68 岁的生日派对上她许了这样一个愿望："我 40 岁学习弹钢琴——现在我已经可以在教会中弹琴了；50 岁学英文——现在，我已可以用英文与外国人无障碍的对话了；60 岁学开车……现在我已经 68 岁了！如果上帝让我活到 70 岁，我一定要开画展。"

这是多么令人佩服的勇者面对人生的态度！人，应该勇敢地为自己每一天设定一个新的追求，这样就是永远都活在"现在进行时"，而不是"过去式"。我们要像那位老妇人一样，每天都有前进的动力，始终坚持做更好的自己。

有这样一个故事：

有两个爱画画的孩子。他们的妈妈给了他们一叠纸、一捆笔。第一个孩子的妈妈提供给孩子一面墙，让他把画好的画都贴在墙上展示。第二个孩子的妈妈提供给孩子一个纸篓，让他把画好的画都扔掉，无论是否满意。

3 年后，第一个孩子的画贴了满满一墙，得到观赏者的赞美。而第二个孩子的画扔了无数，人们只能看到他尚未完成的。可是 30 年后，当人们已乏味于第一个孩子的画风时，第二个孩子的画却横空出世，震惊了画坛。

同样的机会，结果却大不相同，究其原因，是两个孩子的外在要求不同。在母亲给予的条件下，第一个孩子可能努力做到最好，而且

别说不可能，信念改变人生

一直都保持最好，没有了新的进步，那么所谓的"最好"也便渐渐失去了效果。第二个孩子无论自己多么满意或不满意的画都要扔掉，这一客观因素便暗暗的提醒他不断找到之前的不足、弥补缺点，从而每一次再出时都会有新的超越，做到了更好。所以人要取得成功，就要勇敢地挑战自己。这样才能进步，才能永不满足。

美国著名指挥家、作曲家沃尔特·达姆罗施二十几岁时就已经当上了乐队指挥。但他却没有忘乎所以。旁人对他的谦和、沉稳的态度既欣赏又惊讶。后来还是沃尔特自己揭开了这个谜底。

"刚当上指挥的时候，我也有些头脑发热，以为自己才华盖世，没人能取代得了。有一天排练，我把指挥棒忘在家里，正准备派人去取。秘书说：'没关系，问乐队其他人借一根就行。'我心想，秘书一定是糊涂了。除了我，谁还可能带指挥棒！但我还是向乐队问了一句：'有谁能借我一根指挥棒？'话音未落，大提琴手、首席小提琴手和钢琴手，每人都从上衣口袋里掏出一根指挥棒。

"我一下子清醒过来，原来我不是什么必不可少的人物！很多人一直都在暗暗努力，准备时刻取代我。从此，以后每当我想偷懒、飘飘然的时候，我就仿佛看到三根指挥棒在眼前晃动。"

那么，如何才能做到不断追求更好呢？如何才能在日常学习和生活中锻炼出"没有最好，只有更好"的能力呢？不妨这样试试：

1. 每天做一件自己虽不喜欢但却有意义的事情

每天做十分钟的运动，每天背十分钟的英文单词，每天读一小段看到的"新闻"，每天原谅一个自己不喜欢的人……

这些事，也许你不愿意去做，但是却都很有意义，长期坚持去做，用不了多久，你的身体、知识、修养、能力……必会有惊人的进步。

2. 目标设定在比自己现有能力再多出 10% 的地方

做一件事时，除非事关重大，否则不妨把目标设定在比自己现有能力再多出 10% 的高度上。也许这样会有一些辛苦，但久而久之，你的能力就会被多锻炼出 10%，如此日复一日，终有一天你就会成为强于他人的"能人"。

刚造出来的航海罗盘，没有磁化前，指针方向混乱；一旦磁化，就会被一种神秘的力量支配着，永远指向同一个方向。在人的身上，也有一股神秘力量，这种神秘的力量就是进取心，指导人们向目标不断努力。进取心不允许人们懈怠，它让人们永不满足，每当人们达到一个高度，它就召唤人们向更高的境界努力。所以，人一定要懂得不断创新上进，争取做一个前途无量的人，坚持明天的自己比今天多进步一点！

3. 你应该加入精英队伍

在知识经济时代，学习、提高都是每天要做的事情，因为每个人都面临着竞争的压力，因此，要不断的"增长本事"来"对抗"。人面对竞争绝对不是单独的个体之间的斗争，而是团队与团队的竞争、组织与组织的竞争，因而任何困难的克服和挫折的平复，都不能仅凭个人的勇敢和力量，而必须依靠团队。

有一位英国科学家把一盘点燃的蚊香放进了蚁巢里。开始，巢中的蚂蚁惊慌万状，过了十几分钟后，便有蚂蚁向火冲去，对着点燃的蚊香，喷射自己的蚁酸。由于一只蚂蚁能射出的蚁酸量十分有限，所

别说不可能，信念改变人生

以很多"勇士"葬身火海。但是，"勇士"们的牺牲并没有吓退蚁群，相反，又有更多的蚂蚁投入"战斗"之中，它们前仆后继，几分钟便将火扑灭了。活下来的蚂蚁将战友们的尸体移送到附近的一块墓地，盖上薄土安葬了。

过了一段时间，这位科学家又将一支点燃的蜡烛放到了那个蚁巢里。虽然这一次的"火灾"更大，但是蚂蚁已经有了上一次的经验，它们很快便协同在一起，有条不紊地作战，不到一分钟，烛火便被扑灭了，而蚂蚁无一殉难。

从蚂蚁扑火的实验中可以看出，个体的力量是很有限的，而团队的力量则可以实现个人难以达成的目标。

人也是一样。社会就是一个大家庭，公司、企业、学校都是这个大家庭中的小团体，每一位成员都仅仅是其中的一分子，每个人单独可以做好的事情很少，而且效率和质量都极低。但如果几个人组成一个团队，就可实现协同合作，从而使整个组织的战斗力得以提高。所以，如果我们想有所作为，就要加入一个精英的队伍。

俗话说："近朱者赤、近墨者黑。"每个人都要受到周围朋友、同学、同事、师长、家长等的影响。每个人在自己成长的过程中，也必然要经历"一个篱笆三个桩，一个好汉三个帮"的情形。在当今，"合作共赢"是人的第一首选，因为只有依靠团队方能致胜，只有加入团队才能提高自己。

精英团队中，会有一种精英文化，这些在同一个团队中是可以共享的。人在一个精英团队的时间长了，各方面的能力都会不断提高，眼界也会大开，这有助于人在事业上的顺利发展。

自信和真理只需要一根支柱

世上的每个人都是独一无二地存在着，所以要做就做最好的自己。有些人喜欢张扬个性，有些人喜欢循规蹈矩，这都没什么，追求生活是人的权利，只要你认为有价值的，那就是有价值的。当然，如果你每天都按照"尽善尽美"的标准要求自己，努力发展自己的潜能，那么成功终将属于你。

他是英国一位年轻的建筑设计师，很幸运地被邀请参加了温泽市政府大厅的设计。他运用工程力学的知识，根据自己的经验，很巧妙地设计了只用一根柱子支撑大厅天顶的方案。

一年后，市政府请权威人士进行验收时，对他设计的一根支柱提出了异议，他们认为，用一根柱子支撑天花板太危险了，要求他再多加几根柱子。

年轻的设计师十分自信，他说，只要用一根柱子便足以保证大厅的稳固。他详细地通过计算和列举相关实例加以说明，他拒绝了工程验收专家们的建议。

他的固执惹恼了市政官员，年轻的设计师险些因此被送上法庭。在万不得已的情况下，他只好在大厅四周增加了其他 3 根柱子。不过，这 3 根柱子全部都没有接触天花板，其间相隔了无法察觉的两毫米。时光如梭，岁月更迭，一晃就是300年。300年的时间里，市政府官员换了一批又一批，市府大厅坚固如初。

直到20世纪后期，市政府准备修缮大厅的天顶时，才发现了这个秘密。

消息传出，世界各国的建筑师和游客慕名前来，观赏这几根神奇的柱子，并把这个市政大厅称作"嘲笑无知的建筑"。最为人们称奇的，是这位建筑师当年刻在中央圆柱顶端的一行字：自信和真理只需要一根支柱。

这位年轻的设计师就是克里斯托·莱伊恩，一个很陌生的名字。今天，能够找到有关他的资料实在微乎其微了，但在仅存的一点资料中，记录了他当时说过的一句话："我很自信，至少100年后，当你们面对这根柱子时，只能哑口无言，甚至瞠目结舌。我要说明的是，你们看到的不是什么奇迹，而是我对自信的一点坚持。"

拥有自信，早晚有一天你会"创造奇迹"。

当然，自信并不表示人一定要标新立异，也不是说人一定要做像留胡子染发，或者故意把裤子剪两个洞等另类的事情。自信大多是自己认为是对的就应该努力的坚持下去，只有这样，你才能逐步地完善自己，达到心中最好的自己这个目标。

人们很喜欢艾森豪威尔将军的原因之一在于，他是个很单纯的人，他绝不矫揉做作。虽然他是世界著名的军事将领，却比普通人更谦虚更真实。他的陆军部属马帝·史耐德在《我的朋友艾森豪威尔》一书中，提到第二次世界大战结束之后，艾森豪威尔将军去拜访他所开设的餐厅的情形：

"艾森豪威尔将军从欧洲回国之后，来到餐馆用餐。我们一起进餐，我告诉他我很希望看到他成为美国总统，我并且已经向很多人谈到这件事。

他听了之后哈哈大笑。他说：'听我说，马帝，我是军人，我只想安安分分当一名军人。'

我说：'将军，我从来没想要当一名军人，但他们却征召我去当兵。我想到时候他们也会征召你去竞选总统。'

艾森豪威尔将军回答说：'我深信不会有这种事。'"

艾森豪威尔将军一生秉持真实和谦虚，使得他备受人们的爱戴。

一个年轻的女子坐在一架钢琴前，飘逸的棕色长发衬托出一张亲切的脸庞。接着她开始唱歌，她那出人意料的成熟嗓音令在场的每一个人为之着迷。她，就是诺拉·琼斯———一位获奖歌手，同时也是一个词曲作家。

1979 年 3 月 30 日，诺拉·琼斯出生在美国纽约，她是传奇人物、著名吉他手拉维·仙卡的女儿，但她本人则完全是由其母亲抚养长大的。那些年中，她偶尔才能看到她的父亲，直到 18 岁，她才见到她的妹妹。4 岁时，她随母亲搬到了得克萨斯州达拉斯市的郊区。她在音乐上受到的最早影响来自于她母亲所收藏的大量唱片。诺拉·琼斯 5 岁开始在教堂唱诗班唱歌，两年后开始学习钢琴，初中时候一度演奏过低音萨克斯管。

高中毕业后的两年里，她就读于北得克萨斯州大学，主修爵士钢琴。上三年级之前，她决定去纽约旅行一趟。这次旅行原本只是暑期出游，但琼斯很快就意识到自己将会在那里待上一段日子。

别说不可能，信念改变人生

痴迷音乐的琼斯被当地的音乐人和词曲作家所深深吸引，而他们在看了她的歌唱表演后也都鼓励她赶快开辟自己的事业天地。琼斯于是一边当女招待，一边组建起一支乐队，自己担任主唱，当然还兼钢琴演奏。2000年10月，这支乐队雄心勃勃地送了一盘录音样带给旗下拥有众多布鲁斯乐、爵士乐、民间音乐及乡村音乐乐手的EMI蓝音符唱片公司。

2001年1月，琼斯见到了蓝音符唱片公司的老板布鲁斯，这位老板放了一盘磁带，里面有她唱的三首歌，布鲁斯当场与她签了约。只经过一年多一点的准备工作，诺拉·琼斯就推出了她的首张专辑《远走高飞》。该专辑已卖出260万张，这个数字比蓝音符历史上任何一张专辑的销售量都要高出十倍。尽管缺乏宣传，这个专辑仍在流行音乐排行榜上节节攀升，而其单曲《不知何故》也打入了"40大成人单曲排行榜"。

在2003年的格莱美颁奖典礼上，这位声音迷人的新爵士乐歌手气势夺人，一举拿下五项大奖（年度最佳专辑奖，单曲《不知何故》获年度最佳唱片奖，最佳新人奖，单曲《不知何故》还获得最佳流行女歌手奖，最佳流行声乐专辑奖）。而这一切对琼斯来说显然不过只是个开始。

诺拉·琼斯前景光明，音乐界再也不会有人对她等闲视之。让歌迷苦等了两年之后，诺拉·琼斯又推出了她的第二张专辑《宛如回家》。它和她的第一张专辑一样成功。

人有了梦想之后，就应该想方设法地努力去将梦想变成现实。梦想的实现是需要人付出一定的努力，并为之坚持不懈的。当然具有毅力和为实现梦想做出任何努力的心理准备也十分重要。

生活中有一些人，他们常用一些不正当的手段争名夺利；有时还利用别人的自卑感，以漂亮的空话威胁恐吓他人。所以，人要学习应付讥笑与怒骂，不在乎他人的嘲讽，只管走自己的路就好了。

任何人其实都不需要因为他人的品评而改变自己的信念，人们需要做的只是最大限度做好自己的事情，努力争取应该争取的荣誉，谦虚而平和的生活，当然，对梦想保持一份激情，在关键的时候展现出自己最好的一面也是重要的。因为我们在世界上都是独一无二的，所以要做就做最好的自己。

争得进取之心，赢得成功之力

在我们实现梦想的道路上会有种种的阻碍和困难，有时还会有"糖衣炮弹"，而这些只有进取心才能为你在成功的道路上保驾护航，帮你清除出现在成功道路上的种种现象，让你朝着梦想的目标奋斗前进。

你知道美国前总统卡特的座右铭是什么吗？哪就是："为什么不是最好的？"

卡特在海军学院毕业的时候，见到著名的海军上将里科弗。

里科弗问他："你在毕业考试中名列第几呀？"

卡特沾沾自喜地回答："在820名毕业生中，名列第59名。"

卡特以为能得到上将的夸奖，没想到上将却问他："为什么不是最好的？"这句话使卡特当时无言以对。从此，他把这句话当作自己奋斗的座右铭。

"为什么不是最好的？"——卡特经常这样问自己，而且他也是这样做的，不断进取，不断追求更高的成就，不断发掘出自身的潜力，最终获得理想的人生。

在多年前的一个颁奖典礼上，一位影星在得奖致词时说："我父亲生前一直反对我放弃大学的学业。而今，我拿到了这个大奖，总算可以告慰父亲的在天之灵了，同时我也证明了自己的选择没有错……我很高兴，终于达到了自己追求的目标。"

这位影星的话是值得我们沉思的。不可否认，那确实是个很大的奖。他一辈子都可以用那个奖展示他曾经有的光荣。只是我们应该想到，当他走下台，那光荣也就真成了"曾经有的"。未来如果他不继续努力，追求更高的成就，那既有的光荣，又算得了什么？

美国著名影星乔治·斯科特在得到奥斯卡奖通知还没去领奖时，对记者说："我得奖之前和之后，还是原来的我。"事实也是，他得奖后仍不断去寻找演艺生涯的一个个突破口。

现在，当我们回头找那位"证明自己没有错"的影星时，已经在影坛上找不到他的踪迹了——他因为酗酒和吸毒，进了戒毒所。

据媒体报道，有很多成名的演员、作家、歌星甚至政界的人物，在创造人生的巅峰之后，都用毒品和酒精麻醉自己。原因可能是他们无法再突破，又无法承受那些沉重的名誉负担。

日本著名作家川端康成在得诺贝尔奖之后说："声誉很容易使人成为才能枯竭凝滞的根源……我希望从所有的名誉中摆脱出来，让我自由。"

什么叫作成功？得一块奥运金牌，得一个金钟奖，还是得到一张名校的文凭？也许这些都是成功，但都是一时的成功。在人生的每个阶段中，始终都存在一个不断学习、不断努力、不断奋斗的话题。人不管到了什么年龄，永远面临着"不进则退"的局面。

人生就像登山，有些人登到顶峰，自认为再也无法突破，于是从

别说不可能，信念改变人生

山巅跃下；有些人登到顶峰，回头，循着原来的路，一步步走下去；也有些人，抬头远眺，看看周围有没有其他可以征服的山头，然后，走下这座山，攀向另一座山。人只有不断进取、不断向更高的山峰挑战，才能获得真正的成功。

所以，每当我们做完一件事的时候，都应该问问自己，这是你所能创造的最好成绩吗？

19 世纪初，美国一座偏远的小镇里住着一位远近闻名的富商，富商有个 19 岁的儿子叫伯杰。

一天晚餐后，伯杰欣赏着深秋美妙的月色。突然，他看见窗外的街灯下站着一个和他年龄相仿的青年，那青年身着一件破旧的外套，清瘦的身材显得很赢弱。

他走下楼去，问那青年为何长时间地站在这里。

青年满怀忧郁地对伯杰说："我有一个梦想，就是自己能拥有一座宁静的公寓，晚饭后能站在窗前欣赏美妙的月色。可是这些对我来说简直太遥远了。"

伯杰说："那么请你告诉我，离你最近的梦想是什么？"

"我现在的梦想，就是能够躺在一张宽敞的床上舒服地睡上一觉。"

伯杰拍了拍他的肩膀说："朋友，今天晚上我可以让你梦想成真。"

于是，伯杰领着他走进了自己堂皇的公寓。然后把他带到自己的房间，指着那张豪华的软床说："这是我的卧室，睡在这儿，保证像天堂一样舒适。"

第二天清晨，伯杰早早就起床了。他轻轻推开自己卧室的门，却发现床上的一切都整整齐齐，分明没有人睡过。伯杰疑惑地走到花园里。他发现，那个青年人正躺在花园的一条长椅上甜甜地睡着。

伯杰叫醒了他，不解地问："你为什么睡在这里？"

青年笑笑说："你给我的那些已经足够了，谢谢。"说完，青年头也不回地走了。

30 年后的一天，伯杰突然收到一封精美的请柬，一位自称是他"30 年前的朋友"的男士邀请他参加一个湖边庄园的落成庆典。

来到这里，伯杰不仅领略了眼前典雅的建筑，也见到了众多社会名流。接着，他看到了即兴发言的庄园主。

"今天，我首先感谢的就是在我成功的路上第一个帮助我的人。他就是我 30 年前的朋友——伯杰"说着，庄园主在众多人的掌声中，径直走到伯杰面前，并紧紧地拥抱他。

此时，伯杰才恍然大悟。眼前这位名声显赫的大亨特纳，原来就是 30 年前那位贫困的青年。

酒会上，特纳对伯杰说："当你把我带进你的寝室的时候，我真不敢相信梦想就在眼前。那一瞬间，我突然明白，那张床不属于我，这样得来的梦想是短暂的。我应该远离它，我要把自己的梦想交给自己，去创造真正属于我的那张床！现在我终于找到了。"

每个人都有自己的梦想。有些人可以把梦想变成现实，有些人却总是换梦想，换梦想的人永远实现不了梦想，因为梦想变成现实需要努力去做。

坚持自己的梦想

苏轼说："古之立大事者，不惟有超世之才，亦必有坚忍不拔之志。"心理学家也认为，做任何事情都要有进取的人生态度和持之以恒的勇气，这样才能走过生命中的坎坷，塑造自身的完美形象，迎接人生的美景。梦想需要人历经多次甚至更多次的失败和打击。所以，坚持梦想，不懈努力，梦想就有可能实现。

100 多年前，一位穷苦的牧羊人带着两个幼小的儿子替别人放羊。

有一天，他们赶着羊来到一座山坡上，一群大雁鸣叫着从天空飞过，很快消失在远方。

牧羊人的小儿子问父亲："大雁要往哪里飞？"牧羊人说："它们要去一个温暖的地方，在那里安家，度过寒冷的冬天。"大儿子眨着眼睛羡慕地说："要是我们也能像大雁那样飞起来就好了。"小儿子也说："要是能做一只会飞的大雁多好啊！"

牧羊人沉默了一会儿，然后对儿子说："只要你们想，你们也能飞起来。"

两个儿子试了试，都没能飞起来，他们用怀疑的眼神看着父亲。牧羊人说："让我飞给你们看。"他张开双臂，学着大雁的样子，但也没能飞起来。可是，牧羊人肯定地说："我因为年纪大了才飞不起来，而你们年纪太小。我相信，只要你们长大后不断努力，将来就一定能飞起来，到那时，你们就可以去任何想去的地方。"

两个儿子牢牢记住了父亲的话，并一直不懈地努力着。等到他们长大——哥哥36岁，弟弟32岁——两人果真飞起来了，因为他们发明了飞机。

这两个牧羊人的儿子，就是美国著名的莱特兄弟。

奋斗是一支火把，它可以燃起一个人的激情和潜能，让他飞入梦想的天空。

可口可乐公司的创始人叫艾萨，出生在美国佐治亚州的一个小镇。他的童年正逢美国南北战争时期。当时有一个军医住在他家，军医有很多装着五颜六色的液体和粉末的瓶子，这让艾萨很羡慕。军医临走前送给了他一个空瓶子。

从此，艾萨迷上了收集各式各样的空瓶子，艾萨说："我一定要找到一种'神奇'的东西，装满它们……"

艾萨开始寻找了。一次，他从马车上掉了下来，头被撞坏了，患上了可怕的头痛病。因为此病，他认识了乡村医生彭伯顿并与之成了好朋友。

有一天，艾萨头痛病发作，好朋友彭伯顿赶紧拿出一点粉末和液体搅和在一起，搅拌了很久很久，递给了艾萨。奇迹出现了——几分钟后，艾萨的头不痛了！艾萨好喜欢那液体的味道呀！接着，艾萨居然做出了一个肯定要挨打的决定——拿出了家里全部的积蓄给彭伯顿。而这位乡村医生也递给了艾萨一个写有配方的纸条……

别说不可能，信念改变人生

艾萨高兴极了，他终于可以装满他的梦想瓶子了。他给那个神气的液体起名叫"coca—cola"。他长大后开办了公司，就是今天的可口可乐公司。艾萨童年的一个简单的装满瓶子的信念，让他获得了巨大的成功，单单"可口可乐"这4个字就值6895亿美元！艾萨给整个世界留下了一份厚礼。

很多人儿时的梦想是天真的，但也是最真实的。因为梦想是最能激发人斗志的力量。只要你有自己的梦想，有自己的目标，相信自己，就没有什么不可能的事。在人生的路上，倘若不是自己主动走向失败，就没有人可以阻止我们，这完全取决于我们自己如何去做。成功之路走起来有时非常痛苦，但这些都是正常的，因为世界上没有一条路是平坦的，一往无前的，都需要人鼓起永往直前的勇气，所以想成功，就要怀揣梦想和勇气，再配之以持之以恒的行动，这样才会获得成就。

追求永无止境

人活着必须要有追求，如果没有追求，就会迷失自己，就会活得很空虚、很迷茫，不知道自己为了什么而活着。

巴拉斯出生于一个贫困的家庭，母亲患有精神分裂症，不但无法正常工作，一旦病情发作还常常冲巴拉斯大声地吼叫甚至动手打她。父亲因患小儿麻痹症，瘸了一条腿，对生活早已失去了希望的他，不但好赌还好酗酒。无人管束的巴拉斯整天像个男孩子一样四处疯跑，跟人打架，还染上了偷盗的恶习。

巴拉斯12岁那年，邻居的一个名叫威尔逊的跳高运动员，把她带到运动场上教她练习跳高。巴拉斯站在运动场上不敢动弹。巴拉斯胆怯地问："威尔逊先生，我真的能像你一样成为一名跳高运动员吗？"威尔逊反问她："为什么不能呢？"巴拉斯说："您难道不知道，我的母亲是一个患有精神分裂症的人，我的父亲是残疾人，并且还是一个酒鬼，我的家境很糟糕……"

威尔逊再次反问她："这些对你学跳高又有什么关系呢？"巴拉斯回答不上来了，是啊，这对她学跳高又有什么关系呢？巴拉斯嗫嚅了半天说："因为我不是个好孩子，而你却是那么优秀。"威尔逊摇了摇

别说不可能，信念改变人生

头说："除非你自己不愿意成为一个好孩子，没有人天生就很优秀。另外，我要告诉你的是，别将不好的家境当成你变成好孩子的阻力，你要让不好的家境成为你努力的动力。"

威尔逊给她加了一个 1 米高的栏杆，结果被巴拉斯跳过了。威尔逊又将那根栏杆撤下来，结果巴拉斯仅能跳过 0.6 米。威尔逊说，现在这根栏杆就是你苦难的家境，而没有这根栏杆，你跳高的时候就没有足够的动力，如果你不相信的话，我现在就将栏杆加到 1.2 米，你一定能够跳过去的。巴拉斯咬了咬牙，真的跳过了 1.2 米。巴拉斯深深地相信了威尔逊的话，决定要活出个人样来，以自己的实力来改变自己以及家庭的现状。

以后，经过威尔逊介绍，她加入了体育俱乐部，并认识了罗马尼亚的全国男子跳高冠军约·索特尔。在索特尔的精心培育下，14 岁的巴拉斯跳过了 1.51 米。1956 年夏天，19 岁的巴拉斯终于跳过 1.75 米，第一次打破了世界纪录。1958 年，她又以 1.78 米的成绩创造了新的世界纪录，并从此开始了巴拉斯时代。她在 1956 年至 1961 年的 5 年中，共 14 次刷新世界纪录。1960 年罗马奥运会上，她以 1.85 米的成绩获得她一生中第一枚奥运金牌，比第二名的成绩高出 14 厘米。1961 年她再创世界纪录，越过了被誉为"世界屋脊"的 1.91 米的高度。此纪录一直保持了 10 年之久。她从 1959 年到 1967 年，在 140 次比赛中获胜，是世界上跳高比赛获胜最多的女运动员，被人们誉为喀尔巴阡山的"女飞鹰"。

每个人的面前都有一根栏杆，那根栏杆的名字叫贫穷、饥饿、灾难……，叫一切的"不顺利"，但我们一定要跳过那些根横在自己面前的"栏杆"，否则我们就永远被"栏杆"阻挡着，看不见"栏杆"后面美丽的景色。

小时候想当个科学家，长大后想做名律师，退休了想上老年大学……人的一生有无数个想去达成的梦想，也就意味着有无数次想去实现的冲动。追寻一个梦想也许一年，五年，甚至一辈子，所以说，追求是没有止境的。很多人奋斗了一生，最后还是一个平庸者，或者说是一个失意的人。原因很多，很重要的一点是因为没有发挥出自我潜能中的良好素质，不敢把自己放在一个足以激发潜能的环境中，所以潜能没有被激发出来。

布勃卡是举世闻名的奥运会撑竿跳冠军，享有"撑竿跳沙皇"的美誉。他曾 35 次创造撑竿跳世界纪录，所保持的两项世界纪录，迄今无人打破。在参加"国家勋章"的授勋典礼上，记者们纷纷提问："你的成功的秘诀是什么？"

布勃卡微笑着说："很简单，每次撑竿跳之前，我先让自己的意念'跳'过横杆。"

作为一名撑竿跳选手，有一段日子，尽管布勃卡不断尝试新的高度，但每次都以失败告终。他苦恼过、沮丧过，甚至怀疑自己的潜力。

有一天，他来到训练场，禁不住摇头对教练说："我实在跳不过去。"

教练平静地问："你是怎么想的？"

布勃卡如实回答："只要踏上起跳线，一看到那根高悬的横杆，心里就害怕。"

别说不可能，信念改变人生

教练看着他，突然厉声喝道："布勃卡，你现在要做的就是闭上眼睛，先让你的意念从标杆上'跳'过去。"

教练的训斥，让布勃卡如梦初醒。从此，他遵从教练的吩咐，让自己意念先跳过去，不断训练自己增强信心，最终顺利地跃身而过。

教练欣慰地笑了，语重心长地说："记住，先将你的意念从标杆上'跳'过去，你的身体就一定会跟着过去。"

突破心灵障碍，找到自信，才能超越自我。如果你对意念屈服，对自己没有了自信，那么你可能真的就不行。自信是打败失败的利剑。

著名的钢铁大王卡耐基经常提醒自己的一句箴言是：我想赢，我一定要赢。结果他真的赢了。

有一个人到了中年还目不识丁，后来却做了美国西部一个城市法院的法官。这个人从前的职业是一个铁匠，没有接受过正规的教育，但他后来当了法官，这是一个令人无法相信的成功跨越，这个成功跨越源于他听了一篇"教育之价值"的演讲。这次演讲激发了他潜藏的才能和远大抱负，最后成就了他的事业。后来，他从自己成功的经验中又萌发了一个很大的理想，即帮助同胞受教育。于是，在他60岁的时候，拥有了全城最大的图书馆，很多人在他的图书馆里获得了受益一生的教诲，他本人也被公认为学识渊博的人。

一个人的潜能有时候很像玩捉迷藏一样，要在适当的契机下才能被发现，所以你必须时时留意生活中的蛛丝马迹。人的潜能开发得越早越好。当然，开发潜能并不意味着要有一定的条件或必须要到特别的环境中去，有时候，发挥你潜能的机会就在你身边。潜能的发掘也是人生追求中很重要的一部分，同样的，这种追求也是无止境的。此外，追求是每个人都拥有的权利，它不受种族、血缘、年龄……一切条件因素的制约。

美国国务卿康多莉扎·康迪·赖斯9岁那年，父亲带她去华盛顿游玩，并在白宫美国总统的办公桌前拍照留念。9岁的赖斯一脸庄重地对父亲说："总有那么一天，我会在这里面工作的。"

这是一个黑人小女孩在1963年的一个大胆的梦想。赖斯的两位曾祖父母是黑人奴隶，然而40年后，赖斯真的在白宫拥有了自己的一席之地，并且发挥着举足轻重的作用。美国总统布什骄傲地宣称："国务卿是'美国的脸'，世界将从赖斯身上看到美国的力量——仁慈和风度。"

"一个成功者都有一个伟大的梦想。"然而人要将梦想变为现实，一定要做三件事：第一，目标远大且合理；第二，全力以赴，努力拼搏。第三，将目标变为现实。

一个人倘若严格遵守了这些，你的梦想之门就即将要被你的真诚、努力和坚持追求所感动而打开了。加油！

独创，绝不模仿他人

一个人要为未来更为激烈的竞争集蓄力量，力量来自何方？来自自己的大脑，大脑里面藏着很多创造性思维，能够爆发出强烈的力量，足以助你成功而上。

意大利著名作家但丁说："走自己的路"。是的，每个人都有一条属于自己的路，关键看自己是否敢走，能否走好。经常浏览广告创意论坛的人就会发现，即使是一张普通的不能再普通的海报，也蕴含了让人意想不到的奇妙创意。感叹的人们同时会发现，越是奇特的创意背后越是隐藏着巨大的利润空间。创意是想别人想不到的东西，所以，改变思路，与常人不同，常常能够出人意料，获得成功。

现代社会，敢于特立独行的人少之又少，大多数人都只是人云亦云，因此不成功的人喜欢问："怎样才能做成功？"

"独创，绝不模仿他人。"是索尼公司董事长井深大说过的一句话。也是对上面的提问最好的回答。

突破常规不仅要求打破传统思维，建立理性的思维，还要求人们敢于独创。想一想，如果公司的经理们总想"今年我们的产品产量已达极限，进一步发展是不可能的。因此，所有工程技术的实验以及设计活动都将永久性地停止"。此种限制自己思想发展的模式，并用这种态度进行管理，即便是强大的公司也会很快衰败下去。

西方一家著名软件公司招聘员工，有 800 多人应聘，最后只取一人；参与招聘的工程师说"现在的应聘者太相像了，缺乏个性"。这一说法颇耐人寻味。

就拿想象力来说，每一个人都具有想象力，而想象力正是创造力的源泉。有些人将梦境中所见描绘出来，这也是一种想象力的运作；有些人发明一样东西或创造一样东西，也都是在充分发挥自己的想象力。想象力丰富的人，好奇心会比别人强十倍。一个人如果缺乏好奇心，却想做一位出色的实业家，那是相当困难的。

好奇心强烈的人，不但对于吸收新知识抱有高度的热情，并且经常会搜寻处理事物的新方法。而一个人如果没有了好奇心，就不可能花心思研究新事物，只会遵循前人的步伐或者原地踏步而已，更不用说会有惊人的成就出现了。

现代社会是一个属于创新思维的时代，要求人处处有创新，敢于突破传统思维的束缚，因为守旧思维会给我们的发展带来严重的羁绊。

生活中每天都有形形色色的"难题"，需要人们主动去创造性的思考，所有的问题也都会因思考而豁然开朗。一个人如果缺少创新思维，就好比缺少了电池的闹钟停滞不前。假如你是一个公司经营者，要想把自己的公司做大，不能离开创新思维，因为现代各个公司的发展都把创新放到了第一位，如果缺少创新思维，公司将会很快衰败甚至消失。假如你是一个公司的员工，如果缺乏创造性的思考，就会缺乏解决问题的能力。可见面对竞争激烈的社会，无论集体还是个人，如果缺少创新思维，注定会平庸，永远成不了大事。

相传，大英图书馆老馆年久失修，在新的地方建立了一个新的图书馆，新馆建成以后，要把老馆的书搬到新馆去。这本来是一个搬家公司的活，没什么好策划的，把书装上车，拉走，运到新馆即可。问题是：预算需要350万英镑，图书馆没有那么多钱。眼看雨季就要到了，不马上搬家，这损失就大了。

怎么办？馆长想了很多方案，但一筹莫展。正当馆长苦恼的时候，一个馆员找到馆长，说他有一个解决方案，不过需要150万英镑。馆长十分高兴，因为图书馆有能力支付这笔钱。"快说出来！"馆长很着急。

不久，图书馆在报纸上刊登一条惊人消息："从即日起，大英图书馆免费无限量让市民借阅图书，条件是从老馆借出，还到新馆去。"

看看，创新思维就是这样，总是喜欢褒奖那些善于思考出新的人。一个人如果能认真耕耘自己的"头脑花园"，将创新的梦想栽植好，用思考的习惯浇灌好，等待你的一定是不错的收成。

比尔·盖茨就曾激励青年人创业说："如果一个人一生只求平稳，从不放开自己去追逐更高的目标，从不展翅高飞，那么人生还有什么意义？"

百度的创始人李彦宏回顾自己的创业历程也说："作为一个创业者来讲，如果你害怕失败，就几乎不可能成功。10个创业公司可能有9个都要'倒掉'，这一点我有清醒的认识，正是因为有这样的认识，所以我才敢去冒风险。成了皆大欢喜，如果不成，只当一次经历，继续努力。"

在这些智者或者说成功者的口中和实践中，成功就意味着打破平庸，而其中的一条捷径便是敢于创造。

有这样一幅题为《喝水比赛》的漫画：两只乌鸦各落在一个写有"改革"和"守旧"字样的瓶子上，每瓶均有一半水，"守旧"乌鸦正满头大汗地向瓶内丢石子，而"改革"乌鸦则口衔吸管，在悠然地喝水。面对此景，"守旧"乌鸦满脑疑问："这家伙怎么不按套数来呢？"

当普通人拘泥于一种思维方式而没有任何创新时，优秀人物表现出的独特的逆向思维方式会让其他人惊讶，但正是这种独特的逆向思维方式给人带来了无穷的成功机遇。

在一般情况下，按常规办事并不错。但是，当常规已经不适应变化了的新情况时，就应解放思想，打破常规，勇于创新，另辟蹊径。只有这样，才可能化缺点为优点，化弊端为有利，化腐朽为神奇，在似乎绝望的困境中寻找到希望，创造出新的生机，取得出人意料的胜利。

生活中有很多事实证明，领先者或后来居上者往往是打破常规、创新制胜的人。戴尔如何快速成为计算机老大，是因为他放弃使用传统计算机业的制胜法宝——分销渠道，采用直销；蒙牛如何能迅速的成长，也是抱着先有市场后有工厂的思路，从资源整合开始……

创造性思维告诉我们，善于思考的人总能找到创新的方法，总能

别说不可能，信念改变人生

打破常规，出奇制胜，而不善于思考的人总是活在自己的思维定势里，最终输在固步自封里，走不出自己的天地。

任何一个人从本质上说都是极具创造性思维的天才，当然，你也不例外。21 世纪是一个"快鱼吃慢鱼"的信息时代，是一个资源共享的时代，每一天都在发生着新的改变。当身边的人一边充电一边向新的领域进军时，原地踏步的人，很快会发现自己虽年纪轻轻，却已落伍了。

创新才能生存，创新才能发展，创新才能永远立于不败之地。生活中那些有所成就的人，无一不是时刻耕耘着自己"头脑"的人，他们将自己的头脑耕耘的异常"肥沃"，让种植在里面的梦想经过努力最终开花结果。

寻找更高的目标超越自己

从人类成长的过程中我们不难看出，超越是人类所固有的天性，是人生难得的财富。一个卓越的人、优秀的人都会去珍惜这个财富，并将它用于检验自我、完善自我。

世界球王，巴西足球运动员贝利是众多男子汉的楷模，是超越自己的典范，也是西点军校学员的一个重要榜样。贝利被人们称为"黑珍珠"，自幼酷爱足球运动，有一次，小贝利参加了一场激烈的足球赛，累得喘不过气来。休息时，贝利向小伙伴要了一支烟。他得意地吸起烟，嘴里吐出一缕缕淡淡的烟雾。小贝利有点儿陶醉了，似乎刚才极度的疲劳也烟消云散了。这一切，全被父亲看到了，父亲的眉头皱起了一个大疙瘩。

晚上，父亲坐在椅子上问贝利："你今天抽烟了？"

"抽了。"小贝利意识到自己做错了事，红着脸，低下了头，准备接受父亲的训斥。

但是，父亲并没有发火。他从椅子上站起来，在屋里来来回回走了好半天，才平静地对贝利说："孩子，你踢球有几分天资，也许将来会有出息。可惜，你现在要抽烟了，会损害身体，使你在比赛时发挥不出应有的水平。"

别说不可能，信念改变人生

小贝利的头低得更向下了。父亲又语重心长地接着说："作为父亲，我有责任教育你向好的方向努力，也有责任制止你的不良行为。但是，是向好的方向努力，还是向坏的方向滑去，决定于你自己。我只想问问你，你是愿意抽烟呢，还是愿意做个有出息的运动员呢？孩子，你该懂事了，自己选择吧！"说着，父亲还从口袋里掏出一叠钞票，递给贝利，并说道："如果你不愿意做个有出息的运动员，执意要抽烟的话，这点钱就作为你抽烟的经费吧！"父亲说完便走了出去。

小贝利望着父亲远去的背影，仔细回味着父亲那深沉而又恳切的话语，不由地哭了。他哭得好难过，过了好一阵才止住哭声。小贝利猛然醒悟了，他拿起桌上的钞票还给了父亲，并坚决地说："爸爸，我再也不抽烟了，我一定要当个有出息的运动员。"

从此以后，贝利不但与烟无缘，还刻苦训练，球技飞速提高。15岁就参加了职业足球队，16岁进入巴西国家队，并为巴西队永久占有"女神杯"立下奇功。

贝利的传奇人生再次印证了：人生在世，最大的敌人不一定是外来的，而可能是我们自己！一个人如果难以把握机会，有犹疑、拖延的毛病；有容易满足现状取得一点成绩沾沾自喜的问题，就不会超越自己，就不会有新的突破。而不去突破，就无法发挥潜能，就不能超越自己！

鲤鱼跳龙门的故事是人尽皆知的古老传说，但它也同样告诉人们一个千古不变的道理：鱼们都想跳过龙门，因为，只要跳过龙门，它们才会从普普通通的鱼变成超凡脱俗的龙了。

可是，龙门太高，它们一个个累得精疲力竭，摔打得鼻青脸肿，却没有一个能够跳过去。它们一起向龙王请求，让龙王把龙门降低一些。龙王不答应，鲤鱼们就跪在龙王面前不起来。它们跪了九九八十一天，龙王终于同意了，答应了它们的要求。鲤鱼们一个个轻轻松松地跳过了龙门，兴高采烈地变成了龙。

不久，变成了龙的鲤鱼们发现，大家都成了龙，跟大家都不是龙的时候好像并没有什么两样。于是，它们又一起找到龙王，说出自己心中的疑惑。龙王笑道："真正的龙门是不能降低的。你们要想找到真正龙的感觉，还是去跳那座没有降低高度的龙门吧！"

这个故事告诉我们：超越的意义在于挑战自己的极限，改变自己的人生。如果目标的难度和高度已经谈不上什么超越，而是触手可及的东西，那么对自己的人生又有什么帮助呢？

我们要在不降低标准的前提下实现超越，这样的超越才是本质上的飞跃。成功的人生是挑战和超越的一连串组合，是需要付出极大的努力的。

爱因斯坦一生所取得的成功是世界公认的，他被誉为20世纪最伟大的科学家。他之所以能够取得如此令人瞩目的成绩，和他一生具有明确的奋斗目标是分不开的。

他出生在德国的一个贫苦的犹太家庭，家庭经济条件不好，加之自己小学、中学的学习成绩平平，虽然有志往科学领域进军，但他有自知之明，知道必须量力而行。他曾进行过自我分析：自己虽然总的成绩平平，但对物理和数学有兴趣，成绩较好。自己只有在物理和数学方面确立目标才能有出路，其他方面是不及别人的。因而他读大学时选读了瑞士苏黎世联邦理工学院物理学专业。

别说不可能，信念改变人生

由于奋斗目标选得准确，爱因斯坦的个人潜能就得以充分发挥，他在 26 岁时就发表了科研论文《分子尺度的新测定》，以后几年他又相继发表了 4 篇重要科学论文，发展了普朗克的量子概念，提出了光量子除了有波的形状外，还具有粒子的特性，圆满地解释了光电效应，宣告狭义相对论的建立和人类对宇宙认识的重大变革，取得了前人未有的显著成就。可见，爱因斯坦确立目标的重要性。假如当年他把自己的目标确立在文学上或音乐上（他曾是音乐爱好者），恐怕就难于取得像在物理学上那么辉煌的成就。

在阅读爱因斯坦的成功故事时，人们不难感觉到，爱因斯坦是一个善于根据目标的需要进行学习的人，因而使自己有限的精力得到了充分的利用。他创造了高效率的定向选学法，即在学习中找出能把自己的知识引导到深处的东西，抛弃使自己头脑负担过重和会把自己诱离目的的一切东西，从而使他集中力量和智慧攻克选定的目标。

爱因斯坦对自己的人生目标一直表现出一种矢志不渝的精神。1952 年以色列国鉴于爱因斯坦科学成就卓越，声望颇高，加上他又是犹太人，当该国第一任总统魏兹曼逝世后，邀请他接受总统职务，他却婉言谢绝了，并坦然承认自己不适合担任这一职务。原因很简单，他觉得这不是自己最初的奋斗目标。

爱因斯坦从选定目标的那一刻起，就将其作为自己存在的理由，倾尽毕生的心血去奋斗，这是当今社会每个年轻人都要学习的。面对做总统的名利诱惑，爱因斯坦为了自己的目标不为所动。而现今的年轻人，经常是今天想搞学问、明天想创办企业、后天又想做个职业经理人……其实，人只有经过认真的思考后，切实明确适合自己的奋斗目标，然后坚持不懈地奋斗，遇到艰难险境也不退缩才能实现目标。

任何人，在挑战自我前，先问自己一个问题：你的目标是什么？如果不清楚，要想明白，因为设定明确的目标，是所有成就的出发点，如今大多数人之所以平庸，就在于他们没有设定明确的目标，所以也就没有踏出他们行动的第一步。

带着梦想去冒险

有一位昆虫学家和他的商人朋友一起在公园里散步、聊天。忽然，他停住了脚步，好像听到了什么。

"怎么啦？"他的商人朋友问他。

昆虫学家惊喜地叫了起来："听到了吗？一只蟋蟀的鸣叫，而且绝对是一只上品的大蟋蟀。"

商人朋友很费劲地侧着耳朵听了好久，无可奈何地回答："我什么也没听到！"

"你等着。"昆虫学家一边说，一边向附近的树林小跑了过去。

不久，他便找到了一只大个头的蟋蟀，回来告诉他的朋友："看见没有！一只白牙紫金大翅蟋蟀，这可是一只大将级的蟋蟀哟！怎么样，我没有听错吧？"

"是的，您没有听错。"商人莫名其妙地问昆虫学家："您不仅听出了蟋蟀的鸣叫，而且听出了蟋蟀的品种——可您是怎么听出来的呢？"

昆虫学家回答："个头大的蟋蟀叫声缓慢，有时几个小时就叫两三声。小蟋蟀叫声频率快，叫得也勤。黑色、紫色、红色、黄色等各种颜色的蟋蟀叫声都各不相同，比如，黄蟋蟀的鸣叫声里带有金属声。所有蟋蟀的鸣叫声区别有极其细微，甚至言语难以形容的差别，你必须用心才能分辨得出来。"

他们一边说，一边离开了公园，走在马路边热闹的人行道上。忽然，商人也停住了脚步，弯腰拾起一枚掉在地上的硬币。而昆虫学家依然大踏步地向前走着，他丝毫没有听见硬币的落地之声。

这个故事说明了什么道理呢？昆虫学家的心在虫子们那里，所以他听得见蟋蟀的鸣叫。商人的心在钱那里，所以，他听得见硬币的响声。一个人，梦想在哪里，财富就在哪里。

一个星期天的上午，戴维丝经历了一件特殊的事情，这件事给了她一次意外的震撼，使她开始重新思考人生。

那天，她正在卧室里打扫卫生，5岁的小女儿艾丽莎冲了进来，郑重其事地坐到她的旁边。

"妈咪，你长大以后想成为什么？"她问到。

戴维丝的第一个反应就是：她又在玩什么想象力游戏了。所以，为了配合女儿，她假装认真地回答道："嗯哼，我想，当我长大以后，我愿意做一个妈咪。"

"你不能这样说，因为你已经是妈咪了。再告诉我，你想成为什么？"艾丽莎紧逼着问道。

"噢，好吧，我想想……我长大后——要成为一名会计师！"她再一次回答。

"妈咪，还不对！你本来就是会计师嘛！"

"对不起，宝贝，"她说，"但是我真的不明白你在期望一个什么样的答案。"

别说不可能，信念改变人生

"妈咪，你只要回答你长大后想成为什么就可以了。你可以是你想成为的任何人！"

戴维丝愣住了，自己到底还能成为什么呢？她已经35岁，已经有了固定的职业，还有3个活泼可爱的孩子，有一个称职的丈夫，拥有硕士学位……对她来说，人生难道还能有什么其他的改变吗？

她调整了一下自己，然后用一种征询的语气问女儿："宝贝，你认为妈咪还能成为什么人？"

艾丽莎看着妈妈，十分肯定地告诉她说："你可以成为你希望成为的任何人！不过，这要由你自己决定。你可以成为一个宇航员，也可以成为一个钢琴家，或者成为一名好莱坞明星……总之，只要你愿意，什么都可以！"

戴维丝非常感动，在女儿幼小的心灵中，妈妈还可以继续长大，还有许多机会去成为她想成为的人！在她眼里，未来永远不会结束，梦想永远都不过时。

那一次交谈过后，戴维丝开始了全新的生活……她开始起早锻炼身体，开始把每晚看肥皂剧的时间变为"读10页有用的书"，她开始用新奇的眼光观察周围的一切。

上面故事中的母亲在改变自己，虽然表面上她并没有什么变化，但她的心已经开始改变了，她时刻在为自己变成另一个新角色做准备！她有了理想和憧憬：我成长中还会成为什么？

霍姆兹说："我们处于什么方向不要紧，要紧的是我们正向什么方向移动。"

你到底能成为什么人，取决于你想成为什么人；如果你什么都不敢想，你就注定什么也做不成。

有一个贫穷的人天天想着怎样致富，可是他年复一年的辛苦并没有给他带来财富。终于有一天，他无法忍受自己的贫穷生活了，他告别母亲，要到远方去寻找挣大钱的机会。他带上干粮出发了。一天，当他翻山越岭走进一片森林里的时候，天完全黑下来了，他想今天就在森林里过夜吧，于是就地睡在一块草坪上。第二天，天刚亮他就醒了，当他从草地上坐起来的时候，他惊呆了，在朝霞万丈的森林中，他看到了一个奇迹，原来昨夜他躺下的地方，竟长满了人参花！

这个小故事告诉我们：追求总是能带给人惊喜的发现，但在那之前必须坚持在不断寻找和努力的过程中。在这个过程里，要坚强到没有什么可以扰乱你的头脑；要去看所有事物阳光的一面，把乐观主义精神坚持到底；要只去想最好的事情，要只为最好的结果而工作；要只向往最好的结果。

在罗马时代，意大利中北部的卢比康河，是意大利和高卢之间的分界线。在法律上，罗马的地方长官只能在元老院的同意下，才能将军队带入意大利。公元前49年，驻守高卢的将军恺撒大胆作出决定，准备带领他的军团渡过卢比康河。

恺撒的军队带着飘扬的旗子朝意大利行进。最后他们来到卢比康河。那是高卢省的界限，在界限的另一边便是意大利。恺撒在河岸停留了一会儿。他知道渡过这条河流，就意味着向庞培及罗马元老院宣战，此举可能让罗马全境卷入可怕的战争中，而其结果无人可以

别说不可能，信念改变人生

预测。

"我们仍然可以回去，"他告诉自己，"我们后面是安全之境。但是，一旦我们渡过卢比康河，进入意大利，我们是不可能回头了。我必须在此作出决定。"

但他并没有迟疑很久。他发出命令，然后勇敢地骑马渡过浅浅的河流。

当他到达河的彼岸时，他大叫："我们渡过卢比康河了！现在我们不能回头了。"

消息在通往罗马的道路和小径中喧嚷着传扬开来：恺撒渡过卢比康河了！当恺撒行经乡间时，来自每一个城镇和村庄的人民，都出来欢迎这位英雄。他愈接近罗马，人们便愈热烈地庆祝他的到来。最后，恺撒和他的军队来到罗马城的城门了，当恺撒进城时，没有军队出来向他挑战，也没有任何人反抗他，庞培和他的盟友已经逃跑了。

2000多年来，大胆作决定的人，总是会想到渡河前站在河岸上的恺撒。

每个人都希望能抓住一个机会，使自己生活得更好。不管改变的是生活形态、个人性格或是与他人的人际交往关系。而这一切，冒险亦很重要。

每个人或多或少，都具有与生俱来的冒险特质。冒险，即使不怎么惊天动地，对于锻炼人格也大有助益。人生不如意事十之八九，平时刻意让自己去应付一些难题，可以让你预习如何去面对突发的状况。如果你从不冒险一试，那么你的一生也不过是随波逐流，随时等着大浪头来把你给打下去。

　　是的，带着梦想勇于去冒险的人不管前方多么困难，都会义无反顾的坚持下去，这样的人内心也是充实的，因为即使梦想没能实现，他们也不会沮丧，因为他们把勇于奋斗看作是十分值得的事，自己毕竟问心无愧地尝试了。让我们都来做这样的人，不辜负自己的人生吧！

调一杯人生的"鸡尾酒"

生活中是金钱重要，还是梦想重要呢？有些人可能一辈子过着节衣缩食的生活，但是他们却凭借自己出色的创造性思维或者出色的成就青史留名，将平静的生活调出五彩斑斓的颜色。而有些人尽管锦衣玉食，却碌碌无为，看不到生活的美丽。西方有位哲学家说：你可以失去你的财富，但你不能失去梦想。

美国畅销书作家罗伯特讲过这样一个故事：19 世纪，美国人约翰·皮尔彭特从耶鲁大学毕业，遵照祖父的愿望，选择教师作为自己的职业。他的生活看上去充满希望。然而，命运似乎有意捉弄他，皮尔彭特的教育理念为当时保守的教育界所不容，结果很快结束了教师生涯。

但他并不在意，依然信心十足。不久他当上了律师，准备为维护法律的公正而努力。但他似乎一点都不理解当时流行的"谁有钱就为谁服务"的原则。他会因为当事人是"坏人"而推掉找上门来的生意，如果是好人受到不公正待遇，他又不计报酬地为之奔忙。这样一个人，律师界感到难以容忍，皮尔彭特只好又离去，成了一位纺织品推销商。然而，他好像没有从过去的挫折中吸取教训，他看不到竞争的残酷，在谈判中总让对手大获其利，而自己只有吃亏的分。于是，只好再改行当了牧师。但他又因为支持禁酒和反对奴隶制而得罪了教区信徒，被迫辞职。

1886年，皮尔彭特去世了。在81年的生涯中，他似乎一事无成。

读到这里，你也许会问，这也算是畅销书作家写的文章吗？罗伯特为什么写皮尔彭特的一生？

罗伯特在文章中充满深情地做了回答："冲破大风雪，我们坐在雪橇上，快速奔驰过田野，我们欢笑又唱歌，马儿铃儿响叮当，令人心情多欢畅……"

这首现在已经成为西方圣诞节里不可缺少的歌——《铃儿响叮当》的作者正是皮尔彭特。这是他在一个圣诞前夜，作为礼物，为邻居的孩子们写的。歌中没有耶稣，没有圣诞老人，有的只是风雪弥漫的冬夜，穿越寒风的雪橇上的清脆的铃铛声，有一路的欢笑歌唱，以及不畏风雪的年轻朋友的美好心灵。

梦想是人人都有的，但是把梦想放在第一位不是人人都能做到的。在梦想面前，"金钱不是万能的"。皮尔彭特先生没有因为个人的种种失意而放弃自己的梦想，他始终相信人生和世界都应该美好。尽管他在各个谋生的行当里都被人"挤走"了，但这并不说明他的梦想和追求没有价值。今天，他的歌声凝固在人们的心灵深处，不正是一个有力的说明吗？

因为父亲是位马术师，一个男孩必须跟着父亲走南闯北东奔西跑。由于四处奔波，他求学并不顺利，成绩也不理想。

有一天，老师要全班同学写作文，题目是"长大后的志愿"。那一晚，男孩洋洋洒洒写了7张纸，描述了他的伟大志愿：长大后，我

别说不可能，信念改变人生

想拥有自己的农场，在农场中央建造一栋占地5000平方英尺的住宅，拥有很多很多的牛羊和马匹。

第二天他把作业交上去时，老师给他打了一个又红又大的F，还叫他下课后去见他。

"老师，为什么给我不及格？"他不解地问老师。

"我觉得，你的愿望是不切实际的。你敢肯定长大后买得起农场吗？你怎么能建造5000平方英尺的住宅？如果你肯重写一个志愿，写得实际点，我会考虑给你重新打分。"老师回答说。

男孩回家后反复思量，最后忍不住询问父亲，父亲见他犹豫不决。语重心长地说："儿子，这是个非常重要的决定。我认为，拿个大红的F不要紧，但绝不能放弃自己的梦想。"

儿子听后，牢牢把这句话记在心底。他没有重写那篇文章，也没有更改自己的志愿。20年后，这个男孩真的拥有了一大片农场，并在这个农场的中央建造了一栋舒适而漂亮的豪宅。

这个男孩不是别人，就是美国著名的马术师杰克·亚当斯。

当我们计划人生的时候，往往会被他人的意愿所左右，从而放弃自己的初衷，这绝对是人生最大的不幸。人首先要具有为自己负责的胆识和勇气，然后才可能为他人和大众负责。假若连自己都无法把握，那么，他只会一生被人摆布。

杰克·亚当斯一定会永远感激他的父亲，是他的智慧点拨造就了儿子辉煌的一生。

没有梦想的人生就好比白开水，索然无味，它在更多的时候代表了平庸无为。平庸是一种被动而又功利的谋生态度。平庸者什么也不缺少，只是无法感受外面世界的精彩，生命含义的丰富。每个人的人生经历都不尽相同，遭遇也是大相径庭的，但是敢于涉险，敢于对命运说"不"，敢于去改变的人都会获得命运的调色盘，为自己的人生画上浓重的一笔。人往往会在人生中遭遇几次"转折"，而这些"转折"多半是让人难忘的经历，必须有足够的勇气才能面对。所以，想要改变，就必须学会自己拯救自己。

克林顿从小有一个不幸的家庭。他平生第一次挺身抗暴只有 14 岁。那是 1960 年，克林顿作为高一学生，体重已超过 200 磅，身高已接近 6 英尺，他的块头超过了他的继父。一天夜里，当继父在毒打母亲时，他推门而入："爸爸，我有话对你说，我要你站起来，如果你站不起来，我可以帮你。"

"我再不允许你发酒疯时动我母亲一根指头，否则你就要小心我了。"……

1962 年 4 月，克林顿的母亲向罗杰·克林顿——克林顿的继父提出离婚，她用自己的私房钱购置了房子并住了下来。但没过多久，罗杰不顾克林顿的反对，提出与克林顿的母亲复婚。复婚后时间不长，罗杰在洗衣间里又打克林顿的母亲，并把剪刀抵在她的喉咙上，克林顿同母异父的弟弟小罗杰撞见后去找他哥哥，大叫着："普巴，普巴，爸爸在杀妈妈。"最后，克林顿把醉成一滩烂泥的继父推出门外。

"这些使比尔变得坚强起来。"克林顿的母亲后来说，克林顿也同意这样的说法，"它确实给我以教益，让我在后来的政治生涯中受益匪浅，靠它给我这些教益使我撑过了许多艰难时刻。"

别说不可能，信念改变人生

克林顿在反思时说："我成长过程中碰到的首要问题便是——该怎样在不丧失原则、不大动干戈、不费尽口舌的情况下化解矛盾。"

克林顿的故事告诉我们：冒险精神必须勇于承受挫折和磨炼。倘若当时的克林顿因为胆小和懦弱而不反抗，那么可能就没有今后在美国成为总统的经历了，因为一个没有冒险意识却有人格缺陷的人是不可能成为总统的。冒险精神的表现不仅是一种顽强的意志，更是一种善于把握机会的高超能力。克林顿的特殊经历，使他磨炼出坚强的个性，而他在这种经历中产生出来的不是懦夫是强者。他给自己和母亲黑色的生活涂上了一道金色的曙光。

现实生活中，有些人在经历苦难中锻炼自己，让自己的人生不再平凡，让自己摆脱平庸。当然，还有一些人在困难之中懦弱而无能，总自认倒霉，甘愿在极度悲观中"活着"。这种生活，实在是错过了通向成功的极好机会。

1968 年的春天，罗伯特·舒乐博士立志在加州用玻璃建造一座水晶大教堂。他向著名设计师菲力普·约翰逊表达了自己的构想："我要建筑的不是一座普通的教堂，我要在人间建筑一座伊甸园。"

约翰逊问起他的预算情况，舒乐博士坚定而明快地说："我现在一分钱也没有，所以 100 万美元与 1000 万美元的预算对我来说没有区别。重要的是，这座教堂本身要具有足够的魅力来吸引捐款。"

教堂最终的预算为 700 万美元。700 万美元对于当时的舒乐博士来说是一个不仅超出了能力范围，甚至超出了理想范围的数字。

当天夜里，舒乐博士拿出一页白纸，在最上面写上 700 万美元，然后又写下 10 行字：

⊙寻找 1 笔 700 万美元的捐款

⊙寻找 7 笔 100 万美元的捐款

⊙寻找 14 笔 50 万美元的捐款

⊙寻找 28 笔 25 万美元的捐款

⊙寻找 70 笔 10 万美元的捐款

⊙寻找 100 笔 7 万美元的捐款

⊙寻找 140 笔 5 万美元的捐款

⊙寻找 280 笔 25000 美元的捐款

⊙寻找 700 笔 1 万美元的捐款

⊙卖掉 10000 扇窗，每扇 700 美元

对 700 万美元进行分解之后，舒乐博士对这个数字有了清晰的概念，而且也有了信心。

60 天后，他用水晶大教堂奇特而美妙的模型打动了富商约翰·科林，使他捐出了第一笔 100 万美元。

第 65 天，一位倾听了舒乐博士演讲的农民夫妇，捐出第一笔 1000 美元。

第 90 天时，一位被舒乐博士孜孜以求的精神所感动的陌生人，在生日的当天寄给舒乐博士一张 100 万美元的银行支票。

8 个月后，一名捐款者对舒乐博士说："如果通过你的诚意与努力能筹到 600 万美元，剩下的 100 万美元由我来支付。"

第二天，舒乐博士以每扇 700 美元的价格，请求美国人名誉认购水晶教堂的窗户，付款的办法为每月 170 美元，10 个月分期付清。6 个月内，一万扇窗全部售出。

别说不可能，信念改变人生

1980 年 9 月，历时 12 年，可容纳 10000 多人的水晶大教堂竣工，成为世界建筑史上的奇迹与经典，也成为世界各地前往加州的人必去瞻仰的梦想胜景。

水晶大教堂最终的造价为 2000 万美元，全部是舒乐博士一点一滴筹集而来的。

当然，不是每个人都要建一座水晶大教堂，但是，每个人都可以建造自己梦想中的大厦。

每个人都可以摊开一张白纸，敞开心扉，写下 10 个甚至 100 个梦想，然后再写下 10 个或 100 个实现梦想的途径，最终你会发现，创造奇迹并不见得有多难。

人生的精彩在于它千变万化的生活，有苦有乐，有酸有甜。人生的精彩在于有荆棘也会面对很多挑战。想让自己的人生充实而成功，人必须调制一杯属于自己风格的"鸡尾酒"，才能让自己的人生拥有变幻的色彩。